总主编 褚君浩

"科学起跑线"丛书

解密 智能制造

白宏伟 龙 华 编著

Inside
Intelligent
Manufacturing

U0397625

上海教育出版社
SHANGHAI EDUCATIONAL
PUBLISHING HOUSE

丛书编委会

主　任：褚君浩

副主任：缪宏才　张文宏

总策划：刘　芳　张安庆

编　委：（以姓氏笔画为序）

科学就是力量，推动经济社会发展。

从小学习科学知识、掌握科学方法、培养科学精神，将主导青少年一生的发展。

生命、物质、能量、信息、天地、海洋、宇宙，大自然的奥秘绚丽多彩。

人类社会经历了从机械化、电气化、信息化到当代开始智能化的时代。

科学技术、社会经济在蓬勃发展，时代在向你召唤，你准备好了吗？

"科学起跑线"丛书将引领你在科技的海洋中遨游，去欣赏宇宙之壮美，去感悟自然之规律，去体验技术之强大，从而开发你的聪明才智，激发你的创新动力！

这里要强调的是，在成长的过程中，你不仅要得到金子、得到知识，还要拥有点石成金的手指以及金子般的心灵，也就是培养一种方法、一种精神。对青少年来说，要培养科技创新素养，我认为八个字非常重要——勤奋、好奇、渐进、远志。勤奋就是要刻苦踏实，好奇就是要热爱科学、寻根究底，渐进就是要循序渐进、积累创新，远志就是要树立远大的志向。总之，青少年要培育飞翔的潜能，而培育飞翔的潜能有一个秘诀，那就是练就健康体魄、汲取外界养料、凝聚驱动力量、修炼内在素质、融入时代潮流。

本丛书正是以培养青少年的科技创新素养为宗旨，涵盖了生命起源、物质世界、宇宙起源、人工智能应用、机器人、无人驾驶、智能制造、航海科学、宇宙科学、人类与传染病、生命与健康等丰富的内容。让读者通过透视日常生活所见、天地自然现象、前沿科学技术，掌握科学知识，激发探究科学的兴趣，培育科学观念和科学精神，形成科学思维的习惯；从小认识到世界是物质的、物质是运动的、事物是发展的、运动和发展的规律是可以掌握的、掌握的规律是可以为人类服务的，以及人类将不断地从必然王国向自由王国发展，实现稳步的可持续发展。

本丛书在科普中育人，通过介绍现代科学技术知识和科学家故事等内容，传播科学精神、科学方法、科学思想；在展现科学发现与技术发明的成果的同时，展现这一过程中的曲折、争论；并通过提出一些问题和设置动手操作环节，激发读者的好奇心，培养他们的实践能力。本丛书在编写上，充分考虑青少年的认知特点与阅读需求，保证科学的学习梯度；在语言上，尽量简洁流畅，生动活泼，力求做到科学性、知识性、趣味性、教育性相统一。

本丛书既可作为中小学生课外科普读物，也可为相关学科教师提供教学素材，更可以为所有感兴趣的读者提供科普精神食粮。

"科学起跑线"丛书，带领你奔向科学的殿堂，奔向美好的未来！

褚君浩

中国科学院院士

2020 年 7 月

自从使用工具开始，人类的发展就与制造密不可分。为了维持生存，人类开始不断地生产和改进所使用的工具。人类社会经历了手工时代、机械化时代、电气化时代和自动化时代，正逐步迈向智能化时代。在这个过程中，生产制造模式和内涵在不断地发生变化，制造业的发展也极大地促进了人类的发展。每个时代的变革都以技术发明和发展为基础，蒸汽机、发电机和计算机都是推动制造业向前发展的动力。那么，当制造业遇上大数据和人工智能这样的高新技术时，又会产生怎样的火花呢？智能制造就是在这一时代背景下产生的，并将随着科技的发展大放异彩。智能制造这个听上去似乎很专业的名词到底是什么，又和我们的日常生活有什么联系呢？

正是因为制造业渗透到我们生活的许多方面，所以它是一个庞大的系统工程，而智能制造又是制造业与信息技术的深度融合，所以涉及的知识内容非常多。本书以从手工作坊到智能工厂的发展为切入点，较为完整地阐述了智能制造时代的发展历程以及各种智能制造技术，包括数字化设计技术、智能设计技术、数字控制技术、先进制造技术、无线射频识别技术、工业机器人和智能工厂等。在第四章中，还对数字孪生、虚拟现实、增强现实、混合现实、5G等新型信息技术对制造业的影响以及智能制造时代对专业技能和教育方面的影响进行了简单的介绍，读者可以进一步畅想智能制造的未来发展。

由于青少年对制造领域的知识和技术可能会比较陌生，所以本书在介绍技术和概念时，尽量用简洁的语言进行描述，并利用日常生活中常见的物品和案例进行辅助说明，读者通过阅读本书就可以对智能制造技术及其运用有所了解。本书还穿插了一些思考题和动手操作题，便于读者不断地发现问题并尝试解决，读者的思维水平、动手实践能力和自信心将不断提升。只要我们思考求知，动手尝试，使用合适的工具实现构想，未来将会更美好！

　　笔者长期从事教育工作，不仅希望读者可以通过阅读本书了解智能制造的前沿技术，而且希望引导读者对感兴趣的内容进行深入的思考，从而培养高效、富有联想力和创造力的思维模式，并将这种思维模式应用于平时的学习和生活中。

　　在编写过程中，笔者查阅并参考了许多文献资料，如《中国制造2025系列丛书——智能制造》《走向新一代智能制造》《C919：打造"中国智造"新名片》《未来智造白皮书》等，其中的内容和观点使我受益匪浅，在此一并表示感谢！本书的编写也得到了褚君浩院士、上海教育出版社编辑团队的指导，并在内容上给予了宝贵的建议，在此表示衷心的感谢。最后，感谢我的同事周培俊、路逸兴和闫婧在案例素材收集和图片设计过程中的认真工作。

　　由于编写时间和水平有限，书中难免有不妥之处，恳请读者批评指正。

编者
2020 年 7 月

智能制造
的前世今生

　　"制造"这个词大家并不陌生，特别是在现代生活中，我们身上穿的各种衣服，吃饭用的精美餐具，居住的房屋建筑，出行乘坐的汽车和飞机等，所见所用都是通过制造产生的。人类的制造活动可以追溯到远古时期，早在两百多万年前，人类就可以制造和使用工具，从此制造便和人类的发展密不可分。

　　在很长一段时间，人类的制造水平发展比较缓慢，以手工生产为主，主要制造工具、器械等，可以称之为古代制造。现代制造的快速发展是从18世纪的工业革命开始的，机械制造替代手工制造，带动经济的进一步发展，从而形成了制造业的雏形。经过几个阶段的发展，人类逐步进入智能化时代。现在，制造业已经是一个非常重要的行业，不仅是国民经济的主体之一，更是国家和民族强盛的重要保障。

从手工作坊到智能工厂

你将了解：

制造业的发展阶段

制造业不同发展阶段的特点

大部分人都有乘坐高铁的经历，当一列列高铁风驰电掣地从我们面前闪过时，我们不禁赞叹：发明高铁的人真伟大，为人们留下了这种既快捷又方便的交通工具。在发明高铁之前，大部分人出门旅行时会选择乘坐火车。你知道火车以前叫什么吗？为什么叫火车呢？它是如何发展到高铁的呢？

火车的发展演变过程反映了现代制造业发展的四个阶段：机械化时代、电气化时代、自动化时代和智能化时代。

| 蒸汽机车 | 内燃机车 | 电力机车 | 高铁 |

机械化时代

在古代，人们运用手工技术制造工具和器械，如雕刻、打铁等。这一时期，制造方式是以手工劳动为主，所以效率比较低下。

雕刻

打铁

18世纪60年代，爆发了第一次工业革命，人类进入蒸汽时代（工业1.0时代）。这一时期，蒸汽机被广泛应用于制造和生活中，蒸汽火车、蒸汽轮船等都是以蒸汽为动力的。

蒸汽火车

蒸汽轮船

火车的小故事

　　1804 年，英国机械工程师理查德·特里维西克（Richard Trevithick）制造出世界上第一台可以实际运作的蒸汽机车。由于当时使用煤炭或木炭生火，所以叫作火车，名字也一直沿用至今。1804 年 2 月 22 日，特里维西克设计的蒸汽火车试车成功，这列蒸汽火车有四个动力轮，空车时的运行速度为每小时 20 千米，载重时的运行速度为每小时 8 千米，是世界上第一列在轨道上行驶的蒸汽火车。早期的燃煤蒸汽机车有一个很大的缺点，即动力不足。不仅要在铁路沿线设置加煤和加水的装置，还要耗费大量的时间为机车添加煤和水。

　　对蒸汽机的广泛应用作出巨大贡献的是英国发明家詹姆斯·瓦特（James Watt），瓦特对蒸汽机进行了多次改良，大大提高了蒸汽机的工作效率。人们把改良后的蒸汽机运用到生产制造中，机器生产开始逐渐代替手工劳动，制造业进入机械化时代。1764 年，英国人詹姆斯·哈格里夫斯（James Hargreaves）发明了第一台机械纺织机——"珍妮机"，经济社会从以农业和手工业为基础的模式变为以工业和机械制造带动经济发展的模式。

倔强的瓦特

1736 年 1 月 19 日，瓦特出生于英国造船业中心苏格兰，父亲是位手艺精湛的造船工人，并拥有自己的船只和造船作坊，母亲出身名门。在父母的过度呵护下，瓦特十岁前还未出过家门，因此性格十分孤僻。有一次，年幼的瓦特看见烧水壶的壶盖上下跳动，他就询问奶奶这一现象发生的原因，但奶奶无法回答。于是，瓦特就坐在炉子旁观察，将烧水壶的壶盖取下又盖上，取下又盖上，前后持续了很长时间。最终，他发现是水蒸气将壶盖顶开，由此引发了他的兴趣。长大以后，他在朋友的引导和帮助下开始改良蒸汽机，并取得了卓越的成就。瓦特改良后的蒸汽机被广泛地应用于工厂，成为几乎所有机器的动力。

詹姆斯·瓦特（1736—1819 年）

人们为了纪念瓦特的贡献，把他的名字作为物理学中功率的单位。瓦特的创造精神、超人的才干以及不懈的钻研为后人留下了宝贵的物质财富和精神财富，值得我们学习。

瓦特改良的蒸汽机

 想一想

故事里的瓦特对蒸汽机的兴趣是由观察生活中烧开水时壶盖的跳动引起的，你认为是什么原因使瓦特不断研究和改良蒸汽机的呢？

电气化时代

随着科学技术的不断发展，19 世纪 60 年代后期，爆发了第二次工业革命，人类进入电气时代（工业 2.0 时代）。这一时期，出现了一系列重大发明，如 1866 年德国发明家恩斯特·维尔纳·冯·西门子（Ernst Werner von Siemens）提出了发电机的工作原理，并制成了发电机。西门子还创立了西门子股份公司（以下简称"西门子公司"），很多我们熟悉的电器都是由西门子公司制造并投入实际应用，如西门子冰箱等。西门子也被誉为"德国电子电器之父"。

恩斯特·维尔纳·冯·西门子（1816—1892 年）

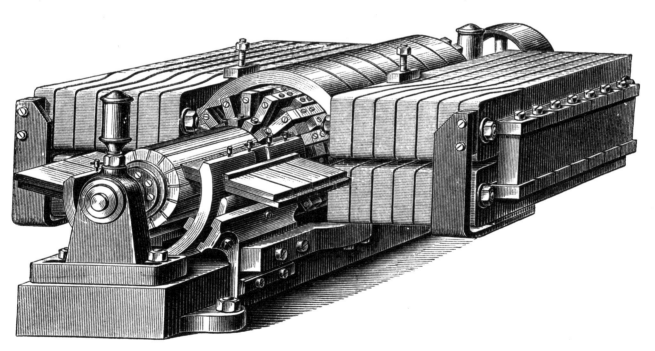

西门子金属电解精炼发电机

20 世纪初，我国开始引入无轨电车。1914 年 11 月 15 日，中国第一条无轨电车路线在上海正式运营。

第一代实用型无轨电车

1882 年，西门子在柏林市郊公开展示了他发明的第一代实用型无轨电车，人们把这辆无轨电车称为"电动摩托"。早期的无轨电车很像轮式马车，车厢为木结构，并装有实心橡胶轮胎。无轨电车从车顶上的高架线获得电流，能左右移动一段距离，但是由于受到高架线的限制，所以一般不能超车。1911 年，这种无轨电车在英国开始投入运营。20 世纪 30 年代，无轨电车在世界各地得到广泛应用，无轨电车逐渐取代有轨电车。

之后，各种以电气为动力的工具相继被发明，比如 1875 年亚历山大·格拉汉姆·贝尔（Alexander Graham Bell）发明了电话，1879 年托马斯·阿尔瓦·爱迪生（Thomas Alva Edison）发明了电灯等。

亚历山大·格拉汉姆·贝尔（1847—1922 年）

托马斯·阿尔瓦·爱迪生（1847—1931 年）

电气取代蒸汽应用于生产制造中，制造业进入电气化时代，出现了流水线和电气自动化生产，并开始了分工明确、批量生产的流水线模式。

自动化时代

20 世纪四五十年代，爆发了第三次工业革命，人类进入信息时代（工业 3.0 时代）。这一时期，以原子能、电子计算机、空间技术和生物工程的发明和应用为主要标志。1946 年 6 月，美籍匈牙利科学家约翰·冯·诺依曼（John von Neumann）发表了《电子计算机装置逻辑结构初探》的论文，并设计出第一台具有存储程序功能的计算机——埃德瓦克（Electronic Discrete Variable

约翰·冯·诺依曼（1903—1957 年）与埃德瓦克

Automatic Computer，简称 EDVAC），即离散变量自动电子计算机。冯·诺依曼在埃德瓦克中运用了二进制，从而极大地推动了计算机的发展，因此人们将其称为"计算机之父"。

自学成才的冯·诺依曼

冯·诺依曼是 20 世纪最重要的数学家之一。1903 年，冯·诺依曼出生于匈牙利的布达佩斯。他不仅聪明，还非常刻苦，对自己感兴趣的知识能够深入地学习和研究。8 岁时，他通过自学熟练地掌握了微积分的相关知识；10 岁时，他仅仅花费几个月的时间就读完一部四十八卷的《世界史》。他先后在柏林大学和苏黎世联邦工业大学学习数学、物理和化学，其间也参加了布达佩斯大学的课程考试，并于 1926 年取得布达佩斯大学数学博士学位。1927 年，24 岁的他在柏林大学哲学系凭借集合论的就职演讲获得了讲师资格。这一时期，冯·诺依曼以算子理论、量子力学的数学基础、集合论等方面的研究闻名于世。由于战争的爆发和自身兴趣的转移，他的研究领域逐渐转移到数学应用上，同时他对经济学也产生了浓厚的兴趣。冯·诺依曼也开始关注计算机理论，他在总结已有的计算机理论的基础上，为现代计算机理论构建逻辑框架。

从这个故事中，我们可以发现：冯·诺依曼的贡献不仅仅是发明了计算机，在其他领域也显示了惊人的才能，影响深远。这种成就源于他对新事物的好奇，渴求学习新事物，并付诸行动。即使不能原创事物，他也能抓住别人原创的火花，迅速进行深入的钻研，最终他的成果为人类和学术界所利用。

解密智能制造

在工业 3.0 时代的基础上，人们将计算机融入制造业中，通过计算机编程控制生产设备，自动化程度和生产效率大幅提高，机械设备使用寿命大大延长。当时，一些结合计算机的设计和制造技术相继出现，如计算机辅助设计（Computer Aided Design，简称 CAD）、计算机辅助工程（Computer Aided Engineering，简称 CAE）、计算机辅助制造（Computer Aided Manufacturing，简称 CAM）、计算机数字控制（Computer Numerical Control，简称 CNC）等。机器可以通过计算机控制逐步替代人类，不仅接管了大部分的体力劳动，也开始慢慢接管一些脑力劳动，制造业进入自动化时代。我们常用的手机、冰箱等都是通过此类方式制造出来的。

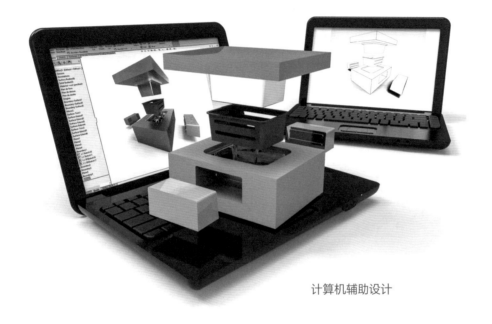

计算机辅助设计

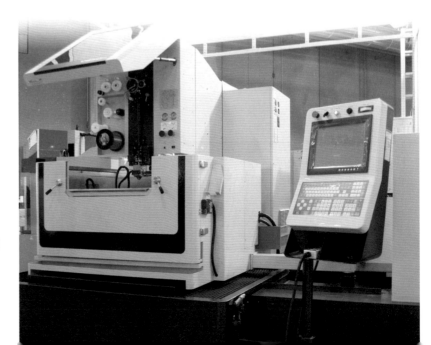

数控机床

智能化时代

21世纪以来，随着互联网、物联网、大数据和云计算等信息技术的不断发展，制造业也逐渐与这些技术相结合，特别是与数字化、网络化和智能化的深度融合，使制造业逐步进入智能化时代。通过人工智能、工业物联网等控制生产设备，实现自动化、智能化设计和生产。制造工厂的智能化生产，使企业与消费者的需求直接对接，企业的生产组织方式从实体生产制造转变为虚实融合的柔性生产制造，并提供个性化产品。

面对科技创新发展的新趋势，各国都在寻找科技创新的突破口，抢占未来经济科技发展的先机。"中国制造2025"明确提出，以加快新一代信息技术与制造业深度融合为主线，以推进智能制造为主攻方向，强化工业基础能力，促进产业转型升级，实现制造业由大变强的历史跨越。其他国家也都积极采取行动，如美国提出"先进制造业伙伴"计划，德国提出"工业4.0"战略，英国提出"英国工业2050"战略，法国提出"新工业法国"计划，日本提出"超智能社会5.0"战略，韩国提出"制造业创新3.0"战略等，这些国家都将发展智能制造作为本国构建制造业竞争优势的关键举措。

可见，制造业正向着以智能制造为主导的第四次工业革命（工业4.0时代）逐步前进。工业4.0时代是将核心技术——信息物理系统（Cyber Physical Systems，简称CPS）应用于制造系统中，打通企业内部的信息系统和生产设备，实现高效化、智能化、个性化、社会化生产和服务。

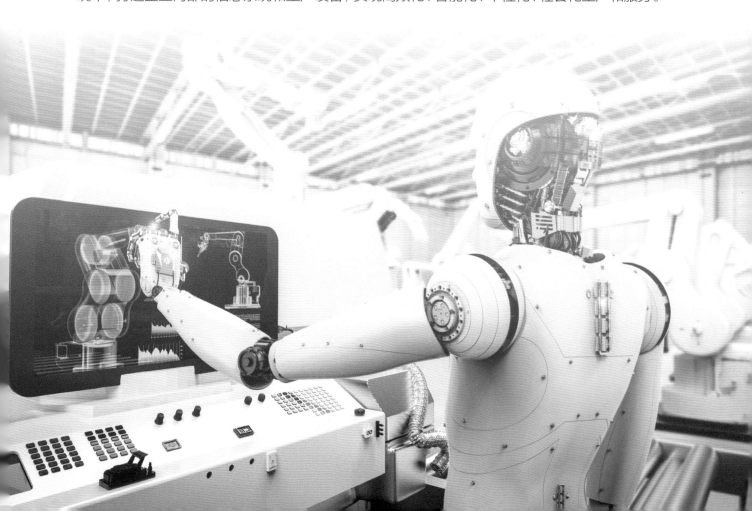

解密智能制造

回顾四次工业革命的发展历程，每个时代都以技术发明和发展为基础。蒸汽机的发明推动了以蒸汽为动力的机械化制造的发展，人类进入机械化时代；发电机的发明推动了电气产品的发展，出现了传送带，人类进入电气化时代；计算机的发明推动了电子产品的发展，出现了第一代可编程逻辑控制器，人类进入自动化时代；21世纪以来，在新一代信息技术的推动下，人类逐步迈向智能化时代。

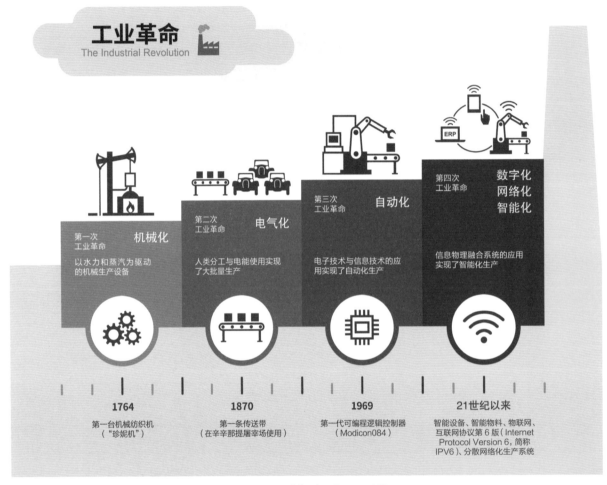

工业革命
The Industrial Revolution

第一次工业革命 机械化
以水力和蒸汽为驱动的机械生产设备

第二次工业革命 电气化
人类分工与电能使用实现了大批量生产

第三次工业革命 自动化
电子技术与信息技术的应用实现了自动化生产

第四次工业革命 数字化 网络化 智能化
信息物理融合系统的应用实现了智能化生产

1764
第一台机械纺织机（"珍妮机"）

1870
第一条传送带（在辛辛那提屠宰场使用）

1969
第一代可编程逻辑控制器（Modicon084）

21世纪以来
智能设备、智能物料、物联网、互联网协议第6版（Internet Protocol Version 6，简称IPV6）、分散网络化生产系统

从工业 1.0 时代到工业 4.0 时代

 **想一想**

从工业革命的发展历程中我们可以发现，技术发明是推动产业发展并进入不同时代的基础，技术创新推动了产品创新，从而带动了产业创新。留意身边的物品，想一想：它们是如何通过技术发明一步步改进和发展的呢？

智能制造原来如此

你将了解：

智能制造是什么

智能制造和传统制造的区别

智能制造的关键技术

　　我们先从制造一把椅子说起：传统制造需要先设计椅子的造型和尺寸，再用工具加工和生产，过程中还要不断测量和校准椅子的尺寸；智能制造时代，只需向机器人传达设计要求，它们便可以通过网络学习设计出满足要求的椅子，然后控制机器进行生产。虽然智能制造的过程描述得比较理想化，但机器却变得更"聪明"了。人们只要提出一些关键要求，剩下的过程都可以由电脑和机器自动实现。下图可以帮助我们理解制造业的进化过程。

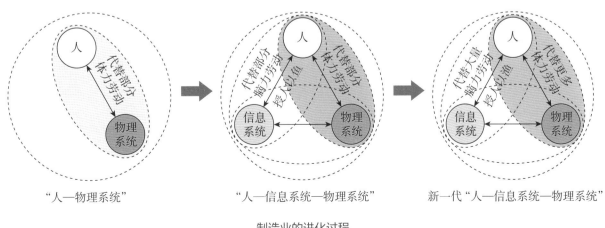

制造业的进化过程

智能制造是什么

目前，世界各国对于智能制造（Intelligent Manufacturing，简称 IM）并没有形成统一的定义，德国"工业 4.0"战略、美国"工业互联网"和"中国制造 2025"都没有给出智能制造的确切定义。德国"工业 4.0"战略强调智能生产（Smart Production）和智能工厂（Smart Factory），美国"工业互联网"强调智能设备（Intelligent Devices）、智能系统（Intelligent Systems）和智能决策（Intelligent Decisioning）三要素的整合，"中国制造 2025"把智能制造作为信息化和工业化深度融合的主攻方向。

随着各种科学技术的发展和制造新模式的出现，智能制造的内涵也在不断地发生变化。从字面意思来看，可以将智能制造理解为人工智能和制造技术相结合的产物。因此，我们可以将智能制造定义为：在生产制造系统中，通过运用信息技术，使机器具有感知、学习、分析、决策、通信和控制等与人工智能有关的功能，并能自主地对制造过程中的关键环节进行动态控制，最终使产品符合既定目标。

人工智能（Artificial Intelligence，简称 AI）是指机器所执行的与人类智能有关的功能，如判断、推理、证明、识别、感知、理解、设计、思考、规划、学习和问题求解等思维活动。

制造（Manufacturing）是指按照人们的想法把原材料加工成有用物品的过程，如产品材料选择、零件加工和装配、检验测试和包装出货等环节。

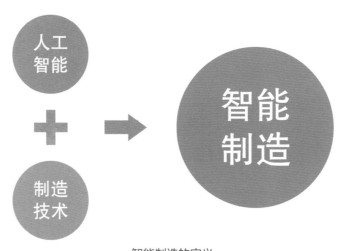

智能制造的定义

智能制造有哪些优势呢？首先，智能机器的计算智能高于人类，特别是对于一些需要大量计算但无需知识推理的场合，智能机器能更快地给出更优的方案；其次，智能机器对动态制造工况的主动感知和自动控制能力高于人类，能显著提高制造质量；最后，随着工业互联网等技术的普及，基于大数据的智能分析方法将有助于创新和优化企业的研发、生产、运营、营销和管理过程。

　　理解了智能制造的定义后，我们再来看看制造椅子的例子。如果先在电脑中将椅子的功能、需求、尺寸、材料都定义好，然后通过电脑控制机器把椅子加工出来。这一过程还不能算作真正的智能制造，只能算作自动化制造。因为在这个过程中，机器既没有分析和决策，也没有对加工过程进行动态控制，所有的输入都是人们预先设定的。

 想一想

　　结合智能制造的定义，说一说你身边有哪些产品的制造已经或即将向智能制造转变。

智能制造的关键技术

　　智能制造不仅是一种技术，而且是一个庞大的系统，包含智能制造产品、智能制造过程和智能制造模式。在使用、制造和服务等不同环节中，智能制造所包含的关键技术又有所不同。比如我们熟悉的智能手机、无人驾驶汽车等都属于使用环节的智能技术，主要体现在人机交互能力强，用户体验友好。制造环节的智能技术指的是在产品制造过程中机器可以智能化工作，比如想要制作一个新产品，在工厂车间里，"产品"可以自己找到合适的设备，并告诉设备如何加工、什么时候加工以及加工好后送到哪里，其中的关键技术包括无线射频识别（Radio Frequency IDentification，简称 RFID）、信息物理系统、移动定位等。服务环节的智能技术通常体现在对航空发动机、电力装备等大型机械装备进行远程智能服务，其中的关键技术包括数据收集、数据分析、故障诊断等。

智能网联技术的应用

　　智能网联汽车是指通过在汽车上搭载先进的传感器、控制器等装置，并结合智能通信和网络技术，实现汽车与人、路况等的智能信息交换，从而实现让计算机替代人类操作的新一代汽车技术。我们熟知的无人驾驶汽车就是智能网联技术的应用。智能网联汽车是汽车工业发展的必然趋势之一，也是中国智造未来的突破口之一。目前，越来越多的汽车已经开始在中控台和仪表盘上使用智能网联技术，通过语音可以更加方便地控制汽车。

自动泊车

　　国内的阿里、百度等公司一直在研究和发展智能网联技术。在 2019 年举行的互联网岳麓峰会上，百度创始人、董事长兼首席执行官李彦宏阐述了他对智能网联技术的理解，并将智能网联技术分为三个境界：一是基础设施的智能网联化，二是自动泊车，三是真正的共享汽车的时代、无人驾驶的时代。当今，许多企业都在研究智能网联技术，如国内的比亚迪、国外的特斯拉等都已取得了非常显著的成果。相信不久的将来，无人驾驶会进入我们的生活，并能更好地为我们服务。

后面的内容将主要围绕智能制造的关键技术展开。与普通制造过程类似，智能制造过程也包括设计、工艺、生产和服务等环节，只不过在这些环节中，都有一定程度的智能化。比如数字建模和仿真技术，智能设计中的衍生式设计和创成式设计，基于模拟仿真的智能设计技术；数控机床、工业机器人、3D 打印机等柔性制造系统以及特种加工等先进制造技术；智能工厂中的无线射频识别和图形识别等智能感知技术以及大数据、云计算、工业物联网等新技术。

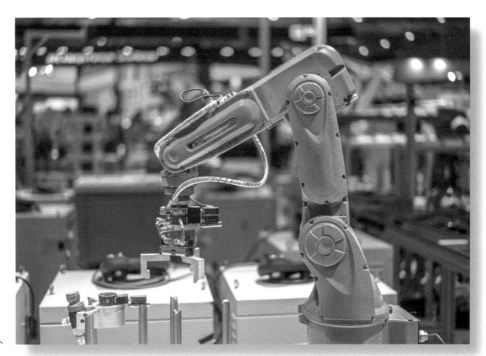

工业机器人

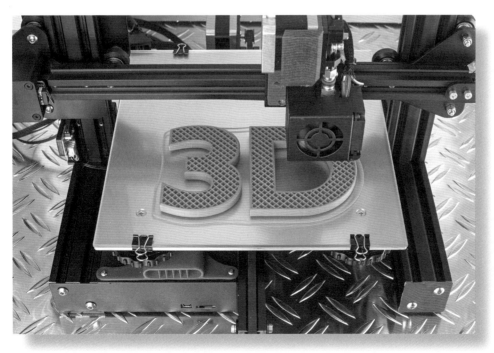

3D 打印机

从"中国制造"到"中国智造"

你将了解：

中国现代制造业的发展阶段

"中国制造2025"

　　从服装到电子产品，中国制造的商品分布在世界各地，如今商品上的"中国制造"不仅仅是一个标签，更是一种文化象征和人文内涵。中国制造的伟大成就离不开中国人民的自力更生，更离不开科技革命、产业变革、全球化与生产方式变革等发展机遇。

　　中华人民共和国成立之初，面对严峻的外部环境，我国集中力量发展重工业和国防工业。1960年11月5日，中国第一枚导弹发射成功；1964年10月16日，中国第一颗原子弹爆炸成功；1967年6月17日，中国第一颗氢弹空爆试验成功；1970年4月24日，中国第一颗人造地球卫星——"东方红一号"发射成功。"两弹一星"的成功研制，在提高国际地位和增强国防安全保障能力的同时，也为中国制造业的发展奠定了必要的物质和人才基础。

　　2001年，中国加入世界贸易组织（World Trade Organization，简称WTO），这一行动不仅降低了我国加入全球分工体系的壁垒，也使我国迅速发展成为世界主要的加工制造基地。近年来，随着新一代信息技术的发展，国家和制造企业都在积极推动制造业的智能化转型。在制造业转型的过程中，中国重视"中国制造"的同时，也更加重视"中国智造"。

了不起的"中国制造"新时代

作为四大文明古国中唯一将自己的文明延续至今的国家，在古代制造时期，中国就诞生了许多高超的制造工艺，比如夏商周时期的青铜器铸造技术、魏晋时期的冶金技术和明清时期的冶铁技术等。在两百多年的全球工业化进程中，由于制度的落后，使得中国与前两次工业革命失之交臂，所以中国在现代制造业的发展中与西方发达国家有很大不同。西方发达国家是"串联式"的发展过程，特别是德国，已经实现了工业 1.0、工业 2.0 和工业 3.0，正在向工业 4.0 迈进。

中国制造（MADE IN CHINA）

中华人民共和国成立之后，特别是改革开放以来，在中国人民的不懈努力下，从学习模仿和代工开始，逐步走向自主创新，我国制造业的发展取得了长足的进步。1949 年至 1978 年，我国从苏联学习并建立了自己的工业体系；1978 年至 2001 年，我国利用低成本优势为国际企业代工，形成了中国制造的初期形态；2001 年至 2010 年，我国加入世界贸易组织后，国内制造企业通过积极参与全球化发展开始走向世界，让中国快速成为世界工厂。截至 2010 年，我国制造业在全球占比 19.8%，已经超越美国，成为世界第一制造大国，并且连续多年稳居第一。2011 年至今，各类新型信息技术的发展，特别是互联网技术的出现，使全球制造企业面对同样的机遇和挑战，中国制造在这一背景下抓住发展机遇，从制造大国迈向高质量的制造强国。如今，中国制造已经席卷全球，在世界五百多种主要工业产品中，中国有二百二十多种工业产品的产量位居世界第一。

华为技术有限公司（以下简称"华为公司"）正是跟随中国制造发展的步伐，经过三十多年的发展，成为今天互联网制造企业的榜样。华为公司成立于 1987 年，通过生产交换机以低成本的方式迅速抢占市场，从而扩大了市场占有率和公司规模。2000 年初，华为公司又在短时间内开拓了包括俄罗斯、欧洲、北美在内的全球市场，进而走向世界。进入移动互联网时代后，华为公司并没有在已有的成绩中故

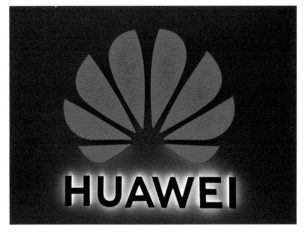

华为标志

步自封，而是受到智能终端趋势的影响，敏锐地将技术产品的重点移至智能手机的研发中。华为公司被称为"民族之光"，不仅因为其产品品质可以代表中国制造屹立于世界一线企业之列，还因为其承担起互联网企业的榜样职责。

近年来，智能制造技术已经应用于许多产业中。我国的大型运输机不仅在研制阶段采用了数字化设计技术，大大地提升了设计质量，缩短了研发周期，还在实际生成中运用 3D 打印技术制造飞机零部件，降低了飞机自身的质量，使飞机的飞行更加平稳，性能更加卓越。

大型运输机

对于中国的制造业来说，"智造"是产业转型的突破口。以前，我国的毛衣生产主要依靠手动编织机完成，效率低下，操作工人的劳动强度非常大。自从使用数控编织机后，单台编织机的速度比手动编织机提高了5至8倍；每个工人可同时操作5台设备，极大地提高了生产效率。不仅丰富了毛衣的品种和花色，也提升了毛衣的质量和市场竞争力。

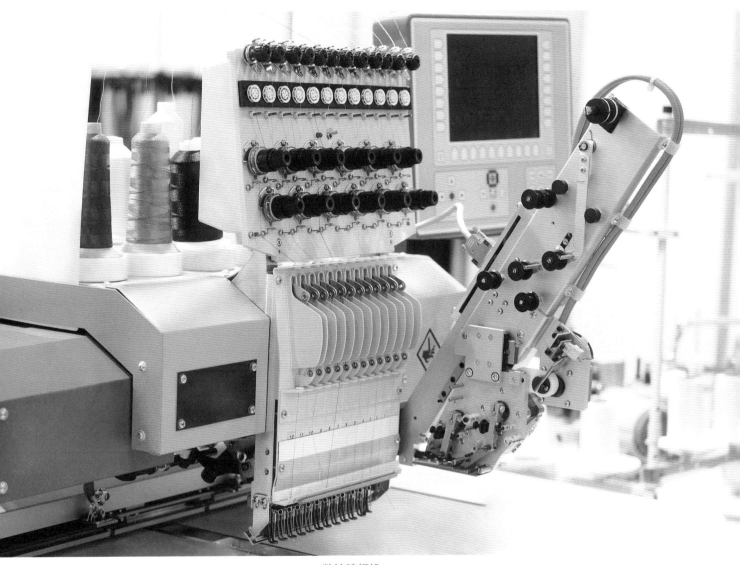

数控编织机

青岛海尔股份有限公司（以下简称"海尔集团"）在沈阳建立了全球首个家电行业智能互联工厂——沈阳海尔电冰箱工厂，通过智能制造使冰箱的生产过程由机器自动完成，需要的工人从40人减少至2人，生产效率得到了大幅提高，产能得到了快速增长。海尔集团还在广东、河南和青岛分别建立了海尔洗衣机智能互联工厂、海尔空调智能互联工厂和海尔热水器智能互联工厂，均采用智能制造相关技术进行生产。

在家就能"制造"冰箱

用户在家就能"制造"冰箱,这不是天方夜谭。历经 30 年的创业创新,沈阳海尔电冰箱工厂成为全球首个家电行业智能互联工厂,向世界展现了用户个性化需求推动企业智能制造的新思路。

沈阳海尔电冰箱工厂的负责人孔庆堂介绍说:"互联工厂将用户需求与工厂无缝连接起来,并从两个方面为用户创造最佳体验:一是定制化,用户可以根据自己的喜好选择冰箱的颜色、款式、性能、结构等,定制一台自己的冰箱;二是可视化,用户可以随时查询自己定制的冰箱在生产线上的具体位置,如生产到哪个工位了,有没有出厂等。"目前,该工厂一条生产线可支持五百多个型号的大规模定制,生产节拍缩短到十秒一台,是目前全球电冰箱行业中生产节拍最快、承接型号最广的工厂。

据了解,全球首创的"第三类"冰箱——海尔匀冷冰箱就是在沈阳海尔电冰箱工厂生产出来的。通过全球用户资源、研发资源和模块商资源全流程并联交互,生产出满足用户个性化需求的产品。市场数据显示,海尔匀冷冰箱已经走进全球两百多万用户的家中。世界权威市场调查机构欧睿国际 2014 年的调查数据显示,海尔冰箱以 17% 的品牌零售量连续七年蝉联全球第一。智能互联工厂将推动海尔冰箱进一步扩大产业优势。

互联网的快速发展改变了世界经济的运行逻辑,家电制造业的"规模"已经被"需求"所取代。只有企业具备先进的制造能力,并与用户需求对接起来,才能实现共赢。海尔智能互联工厂必将引发全球电冰箱制造业的经营变革。

 想一想

结合《在家就能"制造"冰箱》的小故事,思考一下:为什么沈阳海尔电冰箱工厂能够赢得广大消费者的喜爱?

随着科技的发展,智能制造也越来越多地运用到衣食住行等产业上。后来者居上,我国需要进行"并联式"发展,即工业 3.0 和工业 4.0 同步进行,实现中国制造业的弯道超车和跨越发展。

"中国制造2025"

智能制造正站在第四次工业革命的风口上，是全球制造业发展的趋势。虽然我国在工业化初期相对比较落后，但是我国和发达国家掌握核心技术的机会是同等的。2015年，我国提出了"中国制造2025"，强调以创新驱动发展为主题，在重点领域试点建设智能工厂和数字化车间，加快人机智能交互、工业机器人、智能物流管理、增材制造等技术和装备在生产过程中的应用。

"中国制造2025"包含五项重点工程：制造业创新中心建设工程、智能制造工程、工业强基工程、绿色制造工程和高端装备创新工程。围绕实现制造强国的战略目标，我国提出了九项战略任务和重点：一是提高国家制造业创新能力，二是推进信息化与工业化深度融合，三是强化工业基础能力，四是加强质量品牌建设，五是全面推行绿色制造，六是大力推动重点领域突破发展，七是深入推进制造业结构调整，八是积极发展服务型制造和生产性服务业，九是提高制造业国际化发展水平。

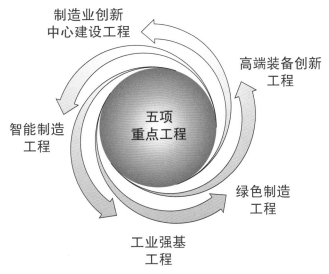

"中国制造2025"的五项重点工程

中国制造业经历了机械化、电气化和自动化等阶段，已经构建了完整的制造业体系，具备了较为完备的基础设施，在全球制造业中占有重要地位。随着中国提出由制造大国向制造强国转变的目标，"中国制造"开始向"中国智造"和"中国创造"迈进，寓"智"于"造"，生产更"智能"，产品更"智慧"，中国必将向全世界展示"中国智造"新形象。

 想一想

结合"中国制造2025"描绘的各项内容，想一想：我国是否可以在不远的将来实现这些目标呢？你可以为这一宏远目标贡献怎样的力量呢？

"中国智造"传递正能量

"中国智造"在走出国门的过程中，以高标准、高效能、高品质吸引了众多关注目光，同时为当地创造就业机会、培养专业人才、提升幸福指数、促进经济发展作出了重大贡献，进而以先进的可持续发展理念在节能减排、环境保护等方面成为表率，中国正在以自己的行动践行构建人类命运共同体的理念。

柬埔寨：中资水电项目"点亮"当地经济与民生

在柬埔寨东北部的上丁省西山区境内的桑河干流上，坐落着柬埔寨境内最大的水电工程——华能桑河二级水电站，水电站大坝全长 6.5 千米，是亚洲第一长坝。自 2018 年 12 月 17 日正式竣工投产以来，为柬埔寨经济社会发展提供了强大的动力支撑，成为中柬能源领域合作的典范。中资电力企业建设的水电项目陆续投产，不仅为柬埔寨节能减排作出了重大贡献，还为柬埔寨政府降低社会用电成本创造了有利条件，提升了柬埔寨工业产品的竞争力，促进了经济的发展。安全、稳定、清洁的电力供应赢得了当地政府和百姓的赞许。

埃塞俄比亚："中国化"交通支持非洲可持续发展

亚吉铁路是东非第一条电气化铁路，全部采用中国标准和中国装备建设而成，全长 751.7 千米，由中国中铁和中国铁建组织施工，是中国企业在海外建设的第一条全产业链"走出去"的铁路。从 2014 年 5 月铁路正式铺轨到 2015 年 6 月全线铺通，用时仅 13 个月，于 2016 年 10 月 5 日正式通车，再次创造了铁路建设的奇迹。亚吉铁路并非"中国智造"在埃塞俄比亚的唯一见证，亚的斯亚贝巴城市轻轨也是由中国企业建设。

泰国：中国企业环保高标准成表率

泰国首都曼谷是全球最受欢迎的旅游胜地之一，却长期饱受雾霾困扰。中国建筑承接曼谷素万那普机场扩建项目后，一直严守环保高标准。开工之初就严把环境关，坚持环保工作与工程建设同设计、同施工和同验收，确保维持正常施工状态。素万那普机场二期项目作为泰国政府重大标志性的民生基础设施工程，受到泰国政府的重视和社会的广泛关注。中国建筑在项目建设中遵守极高的环保标准，希望给曼谷插上翅膀的同时，也能留下一片蓝天。

2

智能制造
的独门秘籍

　　汽车是现代生活中非常普遍的交通工具，一款新车型的诞生往往需要经过市场调研、车型构思、零部件设计、样车试验、定型和批量生产等阶段。在概念设计阶段，要绘制草图、效果图、油泥模型等；在零部件设计阶段，要根据草图和油泥模型进行总体设计，并对发动机、车身、底盘、内外饰件和电气工程等进行设计与分析；在生产制造阶段，包括各种各样的工艺，如冲压工艺、焊接工艺、涂装工艺和总装工艺等。除了每个阶段的多项任务外，各个阶段之间也有很多数据需要传递，所以在数字化设计和制造等技术出现之前，汽车的制造周期非常长。

　　汽车的生产系统是一个极其复杂的综合性系统，智能制造时代借助于数字化设计和制造、自动化、人工智能等技术，使汽车制造变得简单了很多，而这些关键技术也正是智能制造发展过程中不可或缺的独门秘籍。

从"甩图板"到"甩图纸"

你将了解：

计算机辅助设计

计算机辅助工程

衍生式设计

与前面提到的汽车设计和生产一样，所有产品在制造出来之前，首先要把它设计并表达出来。早期的设计人员都是趴在画板上，用丁字尺、铅笔、橡皮等工具将产品的设计想法在图纸上画出来。

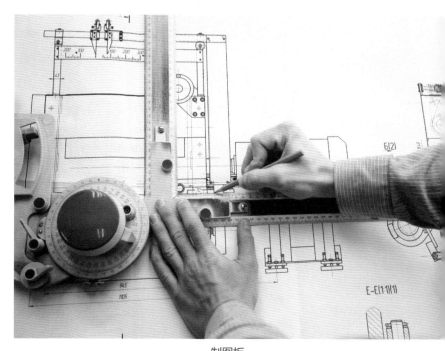

制图板

解密智能制造

　　想要设计汽车这个复杂的产品，需要画很多张图纸才能表达清楚。设计人员的大部分精力都花在手工绘图上了，很少有时间思考产品创新。随着计算机技术的不断发展，人们开始借助电脑绘制二维图纸，"甩掉绘图板"（以下简称"甩图板"）成为当时制造领域的一场革新，不仅提高了设计质量，还便于修改优化。然而，设计好的图纸还要先打印出来，才能将信息传递至加工环节。随着信息技术的发展，许多企业开始"甩掉图纸"（以下简称"甩图纸"），通过三维模型把图纸信息和加工任务信息传递至加工环节。

"甩图板"

"甩图纸"

计算机辅助设计

产品设计的手工绘图经历了"甩图板"和"甩图纸"两个阶段，并逐渐发展到完全数字化和信息化设计，得益于计算机辅助设计的出现。产品设计过程中，计算机可以帮助设计人员承担计算、信息存储和绘图等工作，并对不同方案进行分析和比较以及决定最优方案。各种设计信息都能存放在计算机的内存或外存，并能快速地检索。通常设计人员先自己设计草图，再把将草图变为工作图的繁重工作交给计算机完成。利用计算机还可以进行编辑、放大、缩小、平移和旋转等图形数据加工工作。

计算机辅助设计是指设计人员利用计算机及其图形设备进行设计工作。

计算机辅助设计技术（以下简称"CAD 技术"）的起源可追溯到 1950 年。当时，美国麻省理工学院（Massachusetts Institute of Technology，简称 MIT）在它研制的计算机上使用了图形显示器，可以显示一些简单的图形。20 世纪 60 年代，计算机辅助设计的发展开始起步。1963 年，美国学者伊凡·苏泽兰（Ivan Sutherland）在他的博士论文中提出一个革命性的计算机程序——Sketchpad，它也是最早的人机交互（Human Computer Interaction，简称 HCI）的计算机程序，成为之后众多交互式系统的蓝本，是计算机图形学的一大突破，被称为现代计算机辅助设计的始祖，从此掀起了大规模研究计算机图形学的热潮，开始出现计算机辅助设计这一术语。

伊凡·苏泽兰（1938 年— ）

1989 年，美国国家工程科学院将 CAD 技术评为当代十项最杰出的工程技术成就之一。如今的 CAD 技术可以支持 3D 模型设计、渲染和动画演示功能，也可以通过 3D 打印等技术实现产品原型的快速制造。与手工绘图相比，计算机辅助设计具有无可比拟的优越性。

为了更加方便地使用计算机进行设计，人们开发了各种各样的 CAD 软件。通过 CAD 软件可以实现半自动化设计，根据设计的 3D 模型生成二维图纸和三维代码，可直接用于加工制造。可以说，CAD 技术是现代设计的重要方法之一，也为智能制造奠定了基础。

解密智能制造

目前，专业的 CAD 软件有 Autodesk AutoCAD、UGS NX、Autodesk Inventor、CATIA、Solidworks 和 Rhino 等。

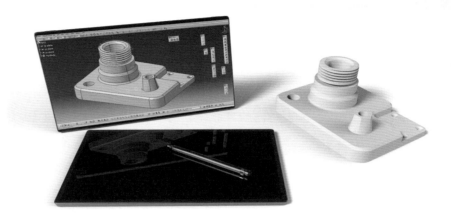

CAD 软件

在几十年的发展中，CAD 技术已被应用于各行各业中。在建筑设计中，设计人员会使用 CAD 软件设计整个建筑的尺寸、布局、室内装潢以及进行日照分析等；在城市规划中，设计人员会使用 CAD 软件规划城市道路、高架、轻轨、地铁等；在电子行业中，我们熟悉的电路图以及手机或电脑里的电路板都是通过 CAD 软件设计并制作的；在服装设计行业中，各种漂亮的衣服都是通过 CAD 软件设计的。此外，纺织、家电、医疗等许多行业也都应用到 CAD 技术。

建筑设计

城市规划

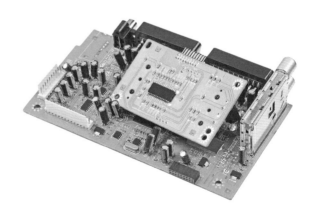

电路板设计

专业的 CAD 软件通常需要使用者具备一定的专业知识。随着计算机的普及，我们可以通过一些简单的 CAD 软件设计图纸，并利用 3D 打印机等工具进行制造，人人都能成为创造家。比如国外 Autodesk 公司的 Tinkercad 软件，国内专门为青少年设计的 IME3D 平台，为中小学生提供了系列化 CAD 软件，并有系统的课程可供学习。

IME3D 系列化设计平台

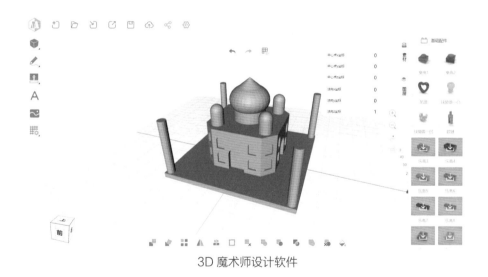

3D 魔术师设计软件

 **想一想**

你想自己用计算机设计特有的学习用具和玩具吗？大家可以通过一些专业网站下载各种各样的 CAD 软件，并且可以通过绘画、搭积木和捏橡皮泥等方式进行操作。

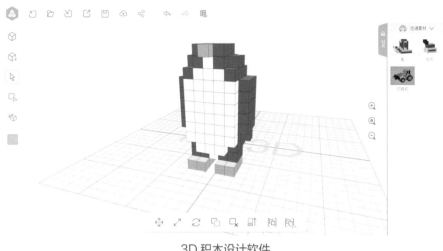

3D 积木设计软件

3D 艺术家设计软件

计算机辅助工程

计算机辅助工程是指通过软件对设计好的数字化模型进行仿真分析，确保产品设计的合理性，并延长产品的使用寿命和减少产品的设计成本。

通过 CAD 软件把产品的图纸或模型设计好后，就可以利用设备进行生产了。但是人们在实践过程中发现，很多时候根据设计图纸生产出来的实物在使用过程中无法满足实际需求，比如我们设计并制造了一个桌面支架，只用了几次就断了，又要重新制作。对于类似汽车这样对安全要求比较高的产品来说，不能有半点差错。于是，人们就想能不能通过软件提前对设计的产品进行分析和验证，以降低实际产品出现偏差和风险的概率。

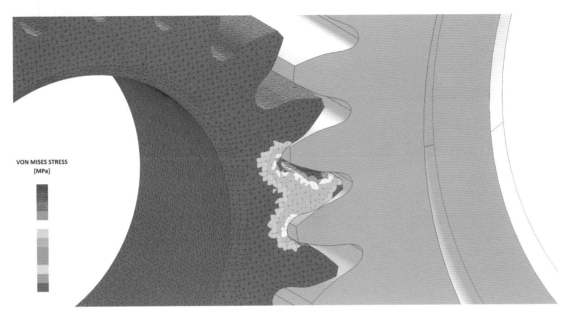

VON MISES STRESS
[MPa]

CAE 技术

计算机辅助工程技术（以下简称"CAE 技术"）起源于 20 世纪 50 年代中期，之后我国的北京大学、大连理工大学和中国农业机械化科学研究院等也都相继开发了 CAE 软件。CAE 软件的功能在实际使用过程中不断完善和扩展，CAE 软件被广泛应用于电子、造船、航空、航天、机械、建筑、汽车制造等领域。

在汽车制造领域，大型汽车厂家如国外的奔驰、宝马以及国内的长安、吉利等都使用 CAE 技术对汽车的结构、碰撞、外形等方面进行模拟分析，确保制造出的汽车具备良好的操控性和安全性。

汽车 CAE 分析

VON MISES STRESS
[MPa]

汽车悬挂 CAE 分析

在飞机制造领域，CAE 技术被用来对飞机的强度、结构等方面进行分析和优化，保证飞机在飞行过程中不会断裂或解体。美国波音公司的波音 777 飞机是世界上第一架完全使用计算机模拟方法研制的飞机，它的开发周期从一般的 8 年缩短至 5 年，并且一次试制成功。我国 C919 中型客机（以下简称"C919"）在研发时也使用了 CAE 技术，不仅加快了研制进度，而且降低了研制成本。

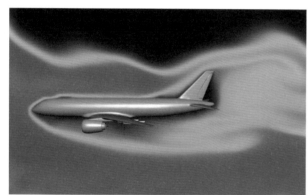

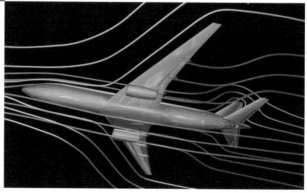

飞机 CAE 分析

在轮船制造领域，中国船舶科学研究中心开发的系统能够对轮船的尺寸、外形、性能等方面进行模拟和仿真，从而达到船舶制造全程信息化的效果。

 想一想

试想如果没有 CAE 技术，在汽车、飞机等大型交通工具的设计过程中可能会遇到什么问题？设计生活中常见的物品时，是否需要使用 CAE 技术？为什么？

衍生式设计

CAD 技术和 CAE 技术的使用过程中，主要决策者其实是设计人员，计算机只是应用工具。随着技术的发展，计算机逐渐替代人类的某些作用，甚至在一定程度上充当了决策者。产品的设计是由设计人员和计算机共同完成的，衍生式设计（Generative Design）正是这样一种新的智能设计方式。

假如要制造一把最大负重为 200 千克的椅子，只需在计算机中设定条件"一把椅子，承载质量 200 千克"，并输入使用多少材料等要求，计算机就可以生成上千个满足要求的解决方案，最后由设计人员选择自己喜欢的方案。

目前，大部分专业的 CAD 软件中都开始融入衍生式设计的概念，如 Autodesk Fusion 软件就可以根据设计人员设定的产品应用条件，指定产品的制造条件和设计目标，借助 Autodesk Fusion 软件的 360 云平台和大数据计算可以获得符合应用条件的最佳设计方案。

> 衍生式设计是一种结合人工智能和云计算的新型设计方式。通过计算机代替人脑进行计算和设计，不仅可以提出更多有创意的设想，也可以让每个人都能进行设计和创造。从某种意义上说，可以把衍生式设计理解为一种 CAD 技术和 CAE 技术相结合的设计方法。

Autodesk Fusion 软件的摩托车车架衍生式设计

衍生式设计的机器人

衍生式设计的产品外观和结构很难用传统的制造方法加工出来，但是可以借助 3D 打印技术，如美国运动品牌安德玛（Under Armour）推出衍生式设计与 3D 打印相结合的跑鞋，可以在运动过程中随时贴合运动员的脚部，独特设计的网格结构不仅能为运动员提供稳定的脚跟支撑结构，还能满足运动员高强度训练所需的缓冲要求；采用衍生式设计制作的无人机，它类似蜻蜓翅膀的网格结构能有效地防止碰撞损伤；采用衍生式设计制作的机器人，结构更加轻便灵活，具有个性；珠宝和服装设计行业通过衍生式设计和 3D 打印技术进行产品研发与生产，设计出来的产品具有独特的艺术造型和美感。

 想一想

衍生式设计是设计人员和计算机之间协作设计的过程，通过计算机的计算和迭代，衍生出更多的可行性方案，并根据设定的目标进行统计和评分，帮助设计人员判断方案的好坏，完成方案的优化。想一想：在衍生式设计的各个环节中，哪些方面会在未来有进一步的发展？

世界著名的飞机制造商空中客车公司使用的仿生隔板是通过衍生式设计的，并由金属 3D 打印机制成。新型的仿生隔板由几个不同的部件组成，不仅强度更高，而且质量减轻了 45%。如果将其应用于整个机舱，每年可以少排放 4.65 亿千克二氧化碳，相当于每年减少约 9.6 万辆汽车的排放量。

衍生式设计助力埃菲尔铁塔公共空间的重塑

埃菲尔铁塔是世界上第一座钢铁结构的高塔。1889 年，法国政府为纪念法国大革命 100 周年，在巴黎举行世界博览会时建造了一座象征法国革命和巴黎的纪念碑，即埃菲尔铁塔。直至今日，埃菲尔铁塔仍是巴黎的地标性建筑和观光旅游胜地。然而，现有的设施不能满足日益增长的游客需求。2009 年，为了庆祝埃菲尔铁塔建成 120 周年，法国政府决定扩建埃菲尔铁塔，并征集扩建方案。其中，SERERO 建筑师事务所（SERERO Architects）提交的方案是在埃菲尔铁塔的第三层增加一个临时的水平观光台，通过嫁接一个高性能碳凯夫拉（Kevlar）结构，增加埃菲尔铁塔顶层的面积，这一结构只需临时嵌入楼板，无需改变现有的结构。

该扩建方案使用了衍生式设计，在原有的主要结构上创造出几个分支结构。受到埃菲尔铁塔原有的交错式结构的启发，扩建方案利用塔顶现有的结构，生成三个互相连接的波浪状结构，这些波浪状结构又形成一个互相交织的结构。与现代的基于重复与优化的工程概念不同，它是基于结构剩余度和非重复的高性能可变模式，大大强化了结构的性能。

埃菲尔铁塔

 想一想

埃菲尔铁塔的扩建方案在不改变原有结构的前提下，扩大了埃菲尔铁塔的公共空间。这是科技进步的结果，不仅节约了改建成本，而且保留了原始建筑的外形。你知道衍生式设计还有可能运用到哪些行业中吗？衍生式设计能为这些行业带来怎样的变化呢？

"没见过的制造技术"好厉害

你将了解：

数控加工和智能机床

超精密加工技术及其应用

3D 打印技术及其应用

应运而生的特种加工技术

实现自动化的工业机器人

通过 CAD 技术和 CAE 技术实现产品设计图纸的数字化是智能制造的第一步，能不能将设计变为实际产品取决于制造技术。制造技术是工程技术中最复杂、最重要的技术之一，它在与计算机和自动化技术相结合的过程中得到了不断的发展，世界各国都把提高制造业的自动化水平作为发展制造技术的主要方向。

数控加工、3D 打印、工业机器人等已成为提高劳动生产率的强大手段，超精密加工技术已经成为衡量先进制造技术水平的重要指标之一。随着生产的发展和科学实验的需要，许多尖端技术产品向高精度、小型化和结构复杂化等方向发展，传统的加工方法已经不能满足生产的需要，人们开始探索利用电、磁、声、光、化学等能量或将多种能量组合的特种加工技术。制造技术的问题解决后，能让机器实现自动化的工业机器人就出场了。这些技术都在智能制造中扮演着非常重要的角色，一定会让你大开眼界。

计算机数字控制技术

计算机数字控制技术（以下简称"数控技术"）是指利用计算机和程序控制机器设备进行制造的技术。用来配合数控技术进行生产的设备叫作数字控制机床（以下简称"数控机床"）。数控技术起源于航空领域，20 世纪 40 年代末期，美国空军希望解决飞机外形样板的加工问题，由于样板形状复杂多样，一般的机器设备和人工都难以完成加工。1949 年，美国帕森斯公司和麻省理工学院开始共同研究数控机床，并于 1952 年成功地研制出第一台数控机床。

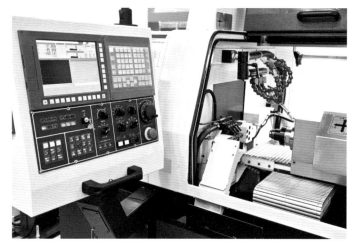

智能机床

数控机床是现代制造业的"工作母机"，也是衡量一个国家制造业水平高低的重要标志。随着新一代人工智能技术与先进制造技术的深度融合，数控机床也逐渐向智能机床发展。国内的华中数控联合宝鸡机床和华中科技大学提出了融合互联网、大数据、云计算、人工智能等众多先进制造技术的新一代智能机床理念，开启了智能数控系统和智能机床的探索。国外的德玛吉、西门子等企业也在各自的领域中探索智能机床的发展之道。

数控机床加工时，不用人工直接操作机器，完全由计算机控制。那么计算机如何把 CAD 软件设计的图纸变成设备可以识别的程序呢？这就要归功于计算机辅助制造技术（以下简称"CAM 技术"）了。现在大多数企业使用的 CAD 软件中都有计算机辅助制造模块，集数字化设计和制造功能于一体。

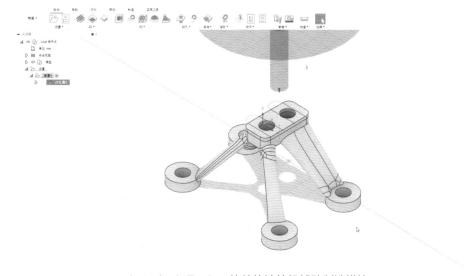

Autodesk Fusion 软件的计算机辅助制造模块

解密智能制造

如果说数控机床帮助企业实现了数字化制造，那么智能机床将助力企业实现智能制造。传统的数控机床只是通过计算机辅助制造生成的加工代码和指令控制刀具和工件的运动轨迹，很少对机床的实际加工状态以及环境变化等有所感知和反馈，从而导致刀具的实际路径偏离理论路径，降低了加工精度、表面质量和生产效率。在大数据、云计算和人工智能的基础上，通过建立大数据的开放式技术平台，智能机床可以自主感知和自主学习，掌握智能控制知识，积累智能控制策略，然后根据加工过程的实时工况和状态信息，利用自主学习的知识形成多目标优化加工的智能控制代码，自主决策并执行，达到优质、高效、可靠和安全的加工。

超精密加工技术

你知道手表是怎么制造出来的吗？手表的制造过程相当复杂，因为表盘比较薄，里面的空间极小。为了保证计时的精确性，指针的运动还要靠很多小齿轮来带动，对生产制造的精度要求很高。一般的数控机床加工出来的产品通常是有误差的，比如计算机辅助设计的模型是 1 毫米，加工出来可能是 1.01 毫米或 0.99 毫米。只要减少这种误差，就能够提高产品的质量和性能，延长产品的工作寿命，所以提高加工精度和减少误差至关重

高精度手表

要。一般国际上把 3 微米设为精度的临界点，低于 3 微米的加工为普通精度加工，而高于 3 微米的加工则是高精度加工或超精密加工。制造手表就需要使用超精密加工技术。

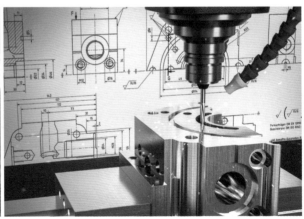

超精密加工技术

　　早期的超精密加工技术主要是为了满足核能、大规模集成电路、激光和航天等尖端技术的需要，这些尖端技术对生产有着非常苛刻的要求，因此超精密加工技术得到了快速发展。随着时代的发展和技术的成熟，超精密加工技术逐步从国防、军事走向汽车、医疗和通信等民生行业，可以说手表、手机、汽车等各种电器和工具的身上都有着超精密加工的影子。科技发展过程中所需的实验仪器和设备几乎都要用到超精密加工技术，由宏观制造进入微观制造也是未来制造业的发展趋势之一。当前，超精密加工技术已经进入纳米级别。

核电站

大规模集成电路

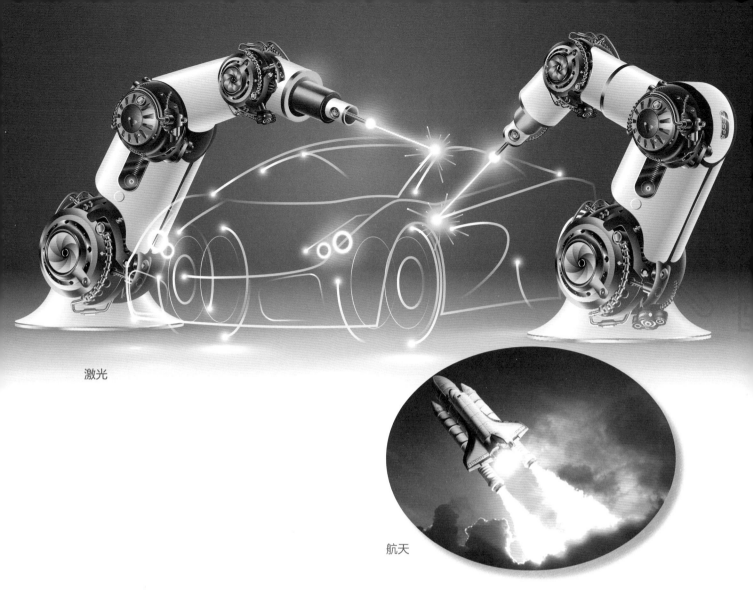

激光

航天

20 世纪 50 至 80 年代，美国率先发展了以单点金刚石切削（Single Point Diamond Turning，简称 SPDT）为代表的超精密加工技术，主要应用于航天、国防、天文等领域。20 世纪 90 年代，美国的摩尔和普瑞思泰克以及日本的东芝等公司在政府支持下，将超精密加工设备商品化。20 世纪 90 年代以后，民用超精密加工技术日趋成熟，在汽车、能源、信息、广播电视和通信产业的推动下，应用领域也越来越广泛。

我国的超精密加工技术自 20 世纪 90 年代以来发展非常迅速，许多研究机构和高校所研发的超精密加工技术和设备均已达到世界先进水平。北京机床研究所、北京航空精密机械研究所、哈尔滨工业大学、国防科技大学等单位已经能生产若干种超精密金刚石数控机床。超精密加工是机械制造的主要发展方向之一，也是智能制造发展的基础。虽然我国目前仍处于发展起步阶段，但是相信随着时间的推移，我国也能在超精密加工技术的发展上大放异彩。

 想一想

数控技术和超精密加工技术都是用数字信息对机器和工作过程进行控制的技术，数控设备是技术应用的基础载体。想一想：随着高新技术的发展，我们熟悉的哪些技术可以运用在数控设备上呢？

3D 打印技术

对于 3D 打印技术，大家一定不陌生。尤其这几年，3D 打印技术更是时常出现在各大媒体的报道中。那么什么是 3D 打印技术呢？3D 打印技术是一种以数字化模型为基础，使用粉末状金属或塑料等可黏合材料，通过自动化逐层打印、构建实物的技术，也称为增材制造技术。打印时，首先通过 3D 设计软件将物体转化为一组数字化模型数据，然后逐层分切，3D 打印机对分切的每一层进行构建，并逐层完成模型整体的加工制作。3D 打印技术实现了制造从等材、减材到增材的重大转变，改变了传统制造的理念和模式，被美国自然科学基金会称为 20 世纪最重要的制造技术创新。

1983 年 3 月 9 日，美国人查克·赫尔（Chuck Hull）发明了立体平版印刷技术，这标志着立体光固化成型设备的正式诞生。当时，还没有"3D 打印"这个概念，赫尔将这台设备命名为"SLA-1"，功能描述为快速成型。1986 年，赫尔成立了 3D 系统公司，开始在市场上销售他的快速成型机器。赫尔也因此被称为"3D 打印技术之父"。

3D 打印技术

四种主流的 3D 打印技术

3D 打印技术在赫尔发明的立体光固化成型设备的基础上已经衍生出了几十种打印工艺，每一种工艺的基本原理大致相同，但是把原材料堆叠、固化的方法却各不相同。对应不同的原材料种类以及成型的方式和手段，目前有四种主流的 3D 打印技术。

光固化成型（Stereo Lithography Appearance，简称 SLA）

光固化成型是应用最早的 3D 打印技术，也是当今应用最为广泛的 3D 打印技术之一。光固化成型是通过喷头发射一定波长的紫外线，利用紫外线蕴含的能量使原材料发生聚合反应并固化。随后，工作平台下降一个层面，形成新的固化层面，再次扫描固化。如此循环反复，直至物体成型。

选择性激光烧结（Selective Laser Sintering，简称 SLS）

1986 年，美国科学家卡尔·罗伯特·德卡德（Carl Robert Deckcard）提出了选择性激光烧结的原理，并于 1989 年研制成功。选择性激光烧结是在粉末床中完成的，先在工作平台上铺上一层粉末，将材料预热至熔点，再通过激光在选择区扫描，利用激光的温度使粉末的温度升高。当粉末的温度超过熔点时，就会形成烧结。随后，工作平台降低一个高度，形成新的烧结。按此程序不断循环，直至物体成型。

熔融沉积成型（Fused Deposition Modeling，简称 FDM）

1988 年，斯科特·克伦普（Scott Crump）发明了另一种 3D 打印技术——熔融沉积成型。他成立的 Stratasys 公司是除 3D 系统公司以外的另一个全球 3D 打印公司巨头。熔融沉积成型是通过将原材料送入热熔喷头，在喷头内加热，被融化成丝状喷出，根据计算机设计的路径沿截面轮廓运动，将半流动状态的原材料填充到指定位置，并最终冷却凝固成型，依此逐层堆叠，直至物体成型。

三维印刷（Three Dimensional Printing，简称 3DP）

三维印刷是由美国麻省理工学院的伊曼纽尔·萨克斯（Emanuel Sachs）等人研制，于 1989 年申请了三维印刷成型技术专利。其工作过程与选择性激光烧结相似，都是在粉末床中完成，区别在于选择性激光烧结是采用激光烧结粉末，而三维印刷是使用特殊胶水粘结粉末。

光固化成型

熔融沉积成型

起初，3D 打印技术被应用于工业制造领域中。如今，这一技术在多个领域得到应用，如航天、医疗、建筑、汽车等，甚至近年来在食品、服装等领域也逐渐进入人们的视野，扮演新奇角色。在建筑行业，3D 打印可以直接打印住宅，不需要再通过传统的人工来建造，通过 3D 打印可以自动地建造房屋；在航天航空领域，3D 打印常用来打印火箭、飞机等内部的复杂零部件，我国的大型运输机运 −20 的起落架就是通过 3D 打印制作而成的；在汽车领域，3D 打印可以打印整辆汽车，让汽车更加个性化、漂亮、轻便；在医疗领域，3D 打印可以直接打印牙齿、骨骼等，并可植入人体。未来，3D 打印还可以打印各种人体器官，造福更多的人群。

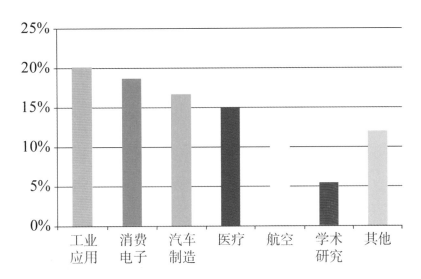

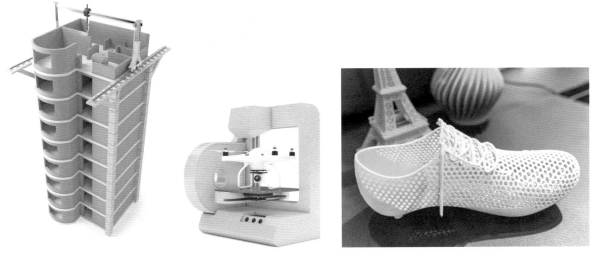

3D 打印技术的应用领域

想一想

无论是使用何种 3D 打印技术，都离不开 3D 设计模型。有了模型之后，才可以通过 3D 打印变为实物。请留意身边的物品，哪些物品适合使用 3D 打印技术制作呢？

与传统制造方式相比，3D 打印技术有明显的优势。第一，制造复杂物品不增加成本。传统制造中，物体形状越复杂，制造成本越高；3D 打印通过增材制造的方法，制作形状复杂的物品时不会增加很多额外的成本。第二，3D 打印可以使零部件一体化成型。比如 3D 打印机通过分层制造可以同时打印一扇门以及上面的配套铰链，不需要组装，可以节省劳动力和运输成本。第三，设计空间无限。传统制造产品的形状比较单一且受制于所使用的工具，而 3D 打印技术基于数字文件生成的模型进行制作，可以突破这些局限，开辟巨大的设计空间。第四，减少废弃副产品。传统金属加工的浪费量惊人，90% 的金属原材料被丢弃在工厂车间里，而 3D 打印技术依托其增材制造的特性，几乎不产生副产品。随着打印材料的进步，"近净成形"和"零废弃"制造将成为更环保的加工方式。第五，材料无限组合。对传统制造来说，将不同原材料结合成单一产品是件难事，在制造加工过程中不能轻易地将多种原材料融合在一起。随着多材料 3D 打印技术的发展，以前无法混合的原料混合后将形成新的材料，这些材料种类繁多，具有独特的属性或功能。

在现代化智能制造工厂中，机器设备生产出相同的零部件，然后由工人进行组装。产品组成的零部件越多，组装和运输所需要耗费的时间和成本就越多。因为 3D 打印技术具有一体化成型的特点，无须再次组装，所以可以节省在劳动力和运输方面的花费。据报道，美国通用电气公司利用 3D 打印技术制造了发动机喷嘴，这个发动机喷嘴原本是由 20 个零部件组成，现在利用 3D 打印技术一体化成型，只有 1 个零部件。

通用电气公司的一体化成型发动机喷嘴

中国在 3D 打印技术方面的研究经历了以下几个阶段：20 世纪 90 年代初期，清华大学、西安交通大学、华中科技大学开始研究 3D 打印技术（当时被称为快速成型技术），基本掌握了当时的几种主流技术及其制造工艺和软硬件控制技术，并开发了相关的技术装备，开展了推广应用；20 世纪 90 年代末期，北京航空航天大学、西北工业大学等单位开始研究金属材料增材制造技术，可以制造能与锻件性能媲美的大型构件；目前，我国依靠自己研发的大型金属 3D 打印设备，不仅在飞机大型承力件制造方面处于国际领先地位，也在军机、大飞机研发中发挥了"急救队"的作用。其中，大型钛合金结构件已经率先应用于飞机起落架和 C919 的研发中。

2020 年 5 月 5 日，中国首飞成功的长征五号 B 运载火箭上搭载了一台 3D 打印机，这是中国首次太空 3D 打印实验，也是国际上第一次在太空中开展连续纤维增强复合材料的 3D 打印实验。这台 3D 打印机是由西安交通大学卢秉恒院士和李涤尘教授带领的科研团队与中国航天科技集团公司第五研究院北京卫星制造厂（529 厂）共同研制而成。

我国 3D 打印领域的领军人物——卢秉恒

卢秉恒，中国工程院院士、西安交通大学教授，是我国 3D 打印领域最早的研究者之一，也是我国 3D 打印领域的领军人物。1992 年，卢秉恒赴美做高级访问学者。有一次，在参观汽车模具企业时，他首次看到快速成型技术在汽车制造业中的应用，敏锐地意识到这一技术的先进性，并自信地提出："中国完全有能力自主开发这种机器。"当时，美国也只是在 6 年前才做出第一台样机。1993 年，卢秉恒院士归国后，立刻转变自己的研究方向，带着博士生们在简陋的实验室开始研究快速成型技术这一完全陌生的领域。

经调研后，他把团队的研究重点调整到光固化快速成型技术上。面对技术壁垒和资金缺乏等困难，他开发了国际首创的紫外光快速成型机以及具有国际先进水平的机、光、电一体化快速制造设备和专用材料，形成了一套国内领先的产品快速开发系统。他把快速成型机的国产化率提升到了 80%—90%，极大地推动了我国制造业的发展。

当时，科研资金是攻关的拦路虎，卢秉恒院士带着博士生开发软件和研发设备，除了购买一些机械零配件外，其他配件和材料几乎都是自己动手做出来的。实验使用的特殊材料基本都要从国外进口，价格为每千克 2000 元，而做一次实验至少需要 30 千克。当时国内的材料又不成熟，卢秉恒院士就联合其他专业人员共同研发出光敏树脂，每千克成本只要 100 元。

2015 年 8 月 21 日，国务院总理李克强主持国务院专题讲座，特邀卢秉恒院士讲授先进制造和 3D 打印，"听众"是国务院总理、副总理、国务委员、各部部长以及央企和金融机构负责人等。3D 打印在国内从籍籍无名到名声大噪，我们要向卢秉恒院士竖起大拇指：有远见，看得准！

卢秉恒院士赴美学习先进技术，回国后立即转变自己的研究方向，带领团队研究快速成型技术，并取得了许多成果，推动了我国制造业的发展。他虚心学习、勤奋刻苦的精神值得我们学习。

 **想一想**

你认为在 3D 打印设计和制作过程中，哪些环节是必不可少的呢？

特种加工技术

如果说以数控技术和 3D 打印技术为代表的先进制造技术适用于加工常规产品的话，那么特种加工技术更像是侠客手中的神兵利器，可以助力解决智能制造中用常规技术无法攻破的种种难题。

20 世纪 40 年代，各国为了提升国防力量，各大企业为了提升市场竞争力，越来越多的产品中出现了各种新材料、新结构以及形状复杂的精密机械零件，这对制造业提出了更高的要求。一方面，人们继续研究高效加工的刀具、优化参数、提高可靠性和研制新型机床，进一步提高数控加工水平；另一方面，人们打破传统加工方法的束缚，探索和寻求新的加工方法。

于是，区别于传统加工的特种加工便应运而生。随着新型制造技术的进一步发展，人们将电、磁、声、光、化学等能量或其组合应用于加工制造中，实现材料被去除、变形、改变性能或被镀覆等，这些非传统加工方法统称为特种加工。由于特种加工技术是直接利用电能、磁能、声能、光能、化学能、热能等各种能量切除多余材料，而不是主要靠机械能量切除多余材料，所以以柔克刚是特种加工的一个特点。特种加工的以柔克刚是指工具与被加工零件基本不接触，加工时不受工件强度和硬度的制约，可加工精密和微细零件，也不会产生宏观切屑和强烈变形，可获得较小的表面粗糙度数值。

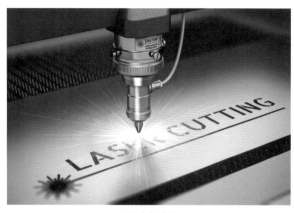

激光切割

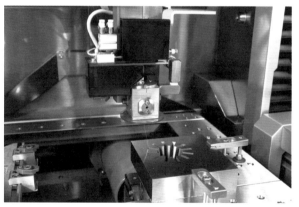

线切割加工

特种加工技术在国际上被称为 21 世纪的技术，特别是对新型武器装备的生产制造起到了举足轻重的作用。特种加工技术主要用于加工钛合金、耐热不锈钢、高强度钢、复合材料、工程陶瓷、金刚石等难加工材料，复杂零件的三维型腔、型孔、群孔和窄缝等难加工零件，薄壁零件、弹性元件等低刚度零件。

 想一想

各式各样的特种加工技术一定让你对于制造技术的能力范围有了新的认识吧！想一想：生活中还有哪些物品使用了特种加工技术呢？

几种主流的特种加工技术

电火花加工

　　电火花加工是一种另辟蹊径的加工方式，利用工具电极与工件电极之间脉冲性火花放电产生瞬时高温将金属蚀除，又称放电加工、电蚀加工或电脉冲加工。电火花加工主要用于加工各种高硬度材料和形状复杂的模具、零件以及切割、开槽或去除折断在工件孔内的工具（如钻头）等。

电火花加工

激光加工

　　激光是看得见却摸不着的光，不仅给人们带来了明亮的世界，其所蕴含的强大能量也在不断推进科学技术的发展。激光加工是利用光的能量经过透镜聚焦后，在焦点上达到很高的能量密度，是靠光热效应进行加工的。激光加工属于非接触加工，不产生直接的机械挤压。由于激光加工的高效、无污染和高精度，所以在电子工业和工艺品制作领域得到广泛应用。

激光切割金属

激光内雕工艺品

电解加工

　　电解加工是利用金属在电解液中发生电化学阳极溶解的原理，将工件加工成形的特种加工技术。加工时，工件接直流电源正极，工具接负极，两极之间保持较小的间隙。电解液从两极间隙中流过，形成导电通路，并在电源电压作用下产生电流，从而形成电化学阳极溶解。电解加工已在多个领域得到广泛的应用，如飞机发动机的涡轮叶片、叶轮等。

电解加工涡轮叶片

工业机器人

　　CAD 技术、CAE 技术、数控技术和 3D 打印技术实现了产品设计和制造的数字化，工业机器人的出现则打破了传统工业制造的局限性，为制造业的发展开辟了一个崭新的方向。大家也许在电视或网络上看到过汽车组装线上忙碌工作的各种机器设备，它们可以既快速又精确地把一辆汽车组装好，这些忙碌的设备就是工业机器人。

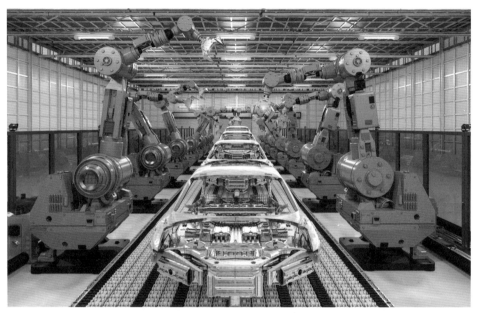

工业机器人

　　1959 年，乔治·德沃尔（George Devol）和约瑟夫·恩格尔伯格（Joseph Engelberger）研发出世界上第一台工业机器人，开创了机器人发展的新纪元，标志着机器人开始应用于生产制造领域。随后，越来越多的制造领域广泛地使用工业机器人，其中较为领先的企业有艾波比、发科那、库卡和安川等。工业机器人是指面向工业领域的多关节机械手或多自由度机器装置，它能自动执行工作，是靠自身动力和控制能力实现各种功能的一种机器。它可以接受人类的指挥，也可以按照预先编排的程序运行，现代工业机器人还可以根据人工智能技术制定的原则行动。

　　工业机器人不仅能替代越来越昂贵的劳动力，也能提升工作效率和产品品质。使用工业机器人可以降低废品率和产品成本，提高设备的利用率，降低由于工人错误操作带来的残次零件数量。具体来说，在重复作业的流水线生产中，机器人可以代替工人，不仅可以有效节约人员支出，而且机器人重复劳作，不知疲惫，错误率远低于工人；物流分拣是一项反复且细致的工作，通过物流分拣机器人的有效分拣，可以解放工人，让他们可以从事更多有意义的整体规划和布局工作；对于常规人力操作所不能满足的工作，如重物搬运、货物码垛等，机器人具有工作稳定、节省劳动力、错误率低等优点。

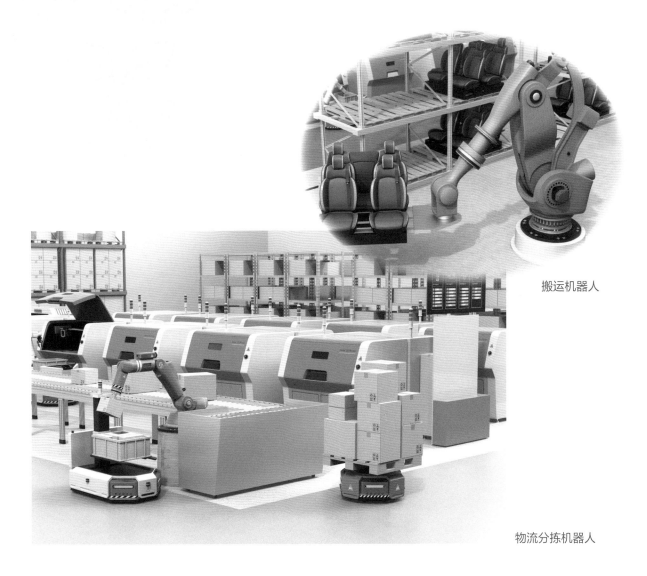

搬运机器人

物流分拣机器人

　　得益于自动化控制和工业机器人的应用，工业机器人可以协助开发和批量生产更多高精密设备或产品，生产效率大大提高。对于生产环境有"无尘""无静电"等特殊要求的企业，工业机器人也有着先天优势。目前，世界各大知名医药企业均逐步采用机器人代替人工进行药物配比实验。在电子设备制造过程中，机器人的高精度操作已经成为不可替代的开发和制造基础。

 想一想

　　既然机器人具有众多优势，而且已经逐步代替传统工人的角色，那么你认为人类在制造业中会被完全取代吗？你认为在智能制造的大前提下，人类应该扮演什么样的角色，发挥什么样的作用呢？

你的需要我能 "知道"

你将了解：

大数据和云计算是什么

大数据在智能制造中的应用

在设计和制造产品的过程中，会产生许多数据，如图纸和模型数据、生产设备和系统控制数据、业务管理数据以及使用者的反馈数据等。正是因为这些越来越多的数据，使得人工智能可以与制造业进一步融合。一方面，因为人工智能需要大量的数据来训练模型；另一方面，随着制造业的发展，只靠图纸的数字化和加工的自动化已经无法满足越来越多的需求。如减少生产过程中的浪费，提高安全环保水平，根据生产状况进行自动调整，在整个生产过程中充分考虑客户的个性化需求等，所有的这些需求都隐藏在产品周期中的各个环节所产生的数据中。那么我们是如何知晓这些需求的呢？知晓以后，在制造和生产过程中又是如何传达给数控设备和工业机器人的呢？

互联网的发展呈现了各个层面的大数据，制造业也不例外。对产品周期中的各个环节所产生的数据进行分析和计算，不仅可以有效地提高生产效率和缩短生产周期，还能满足各方面的需求，为智能制造的发展提供强有力的支持。换句话说，大数据和云计算让制造业不断 "自我学习" 和 "自我反思"，然后根据不同的需求优化出合适的运行模式。

大数据

　　在认识大数据之前，我们先来了解一下什么是数据。在日常生活、科学研究和商业活动中，所有反映客观状态的信号都可以被称为数据。人类自诞生以来就开始运用各种方式对客观世界进行记录，只不过以前记录的各种数据之间没有建立有效的关联。随着科学技术的不断发展，通过对数据的记录和处理，人类提取了一些有用的信息，并提炼为知识。可以说，从数据到信息再到知识，反映了人类记录世界、认识世界和探索世界的过程。随着信息技术的发展，不仅记录数据的方法越来越丰富，如城市道路上随处可见的监控摄像头和人们使用的智能手机等，而且记录数据的媒介也在不断地发生变化，越来越多的数据借助记录工具源源不断地存入各类设备中，这是大数据诞生的基础。

　　日常生活中有很多大数据的例子，如每日城市道路的实时车流量、每日高铁运行的实时情况、全国每年各省市人口的流动记录以及得到信息后的各种行为反应等。

　　大数据可以帮助人们更客观地认识世界，但仅有大数据是远远不够的，还需要对收集和存储起来的大数据进行多维度分析，并挖掘出各个维度的各种联系，从而制定相应的策略。2020年，新型冠状病毒肺炎（Corona Virus Disease 2019，简称COVID-19）席卷全球。由于病毒传染性极强且感染至发病一般有 14 天潜伏期，因此给防疫工作和普通民众的自我保护带来了极大困难。基于当时的实际情况，一款便捷的 App 迅速上线，不仅可以帮助人们准确地查询自己是否与患病人员有过接触，还可以查询实时公布的确诊或疑似病例到访过的场所，让普通民众可以快捷地获得一手自我防护信息，大大降低了社会恐慌感，并为防疫工作的进一步开展提供了技术保障。这就是大数据在发挥作用。

　　大数据是指无法在一定时间和范围内用常规软件工具进行捕捉、管理和处理的数据集合，是需要新处理模式才能具有更强的决策力、洞察发现力和流程优化能力来适应海量、高增长率和多样化的信息资产。简而言之，大数据就是大量数据的集合，具有规模巨大、类型多样、存取效率高和应用价值大的特点。

云计算

认识了大数据后，我们知道要利用好大数据分析的关键是数据分析。要对如此庞大的数据进行分析，云计算的优势就凸显出来了。云计算就像是很多计算资源集结成的一个系统，它就像一朵飘浮在用户头顶上方的云一样，用户向它发送的每一个操作请求，都被按照一定的算法规则分解成很多小的运算任务，并发送给世界各地的不同机器，所有机器同时执行，当所有运算完成后，这朵云又会把结果整合并反馈给用户。用户面对的似乎是一个超级快的服务器，但其实它并不存在，服务我们的是一个集结了分散在世界各地的千百万台虚拟服务器的虚拟云系统。

云计算概念图

云计算并不是一个新概念，自从 2006 年谷歌首席执行官埃里克·爱默生·施密特（Eric Emerson Schmidt）在搜索引擎战略大会上提出后，已有超过 10 年的发展，并还在不断地持续扩大。平时常用的 App 或网站，基本已经离不开云计算提供的服务支持，如淘宝、京东、微信和微博等。也有越来越多的应用正在迁移到"云"上，如我们生活中接触的各种"云桌面"，在未来几乎所有的应用都会部署到云端。

从广义上说，云计算是与信息技术、软件、互联网相关的一种服务，这种计算资源共享池叫作"云"。云计算把许多计算资源集合起来，通过软件实现自动化管理，只需要很少的人参与其中，就能快速提供资源。也就是说，计算能力作为一种商品，可以在互联网上流通，就像水、电、煤气一样，可以方便地使用且价格较为低廉。从技术上看，大数据与云计算的关系就像鱼儿和水一样密不可分。大数据的特色是对海量数据进行分布式数据挖掘；大数据离不开云计算，云计算为大数据提供了弹性可拓展的基础设备，是产生大数据的平台之一。自 2013 年开始，大数据已经和云计算紧密结合，预计未来两者关系将更为密切。

通过大数据与云计算的分析，我们可以得到深层次的数据联系，并能有效地为突发应急情况制定应对措施。2020 年疫情期间，我国依托大数据与云计算的有效信息统一布局调控，各个医用设备生产厂家在合适的时间点复工生产，并由智能制造的物流系统统一调控配送。在切实保障为医护工作者提供必备防护设备的同时，尽力满足普通大众的防护需求。

 **想一想**

我们生活中获取的大数据会带来怎样的价值或潜在问题呢？你能说一说生活中还有哪些行业依赖于数据的有效收集、分析和利用？

大数据在智能制造中的应用

　　大数据分析是人工智能的基础，人工智能又能推动智能制造的发展，因此智能制造离不开大数据。大数据在改变人们生活与工作方式的同时，也在逐渐改变制造企业的运作模式，在需求获取、设计研发、投入市场直至报废回收的产品全生命周期过程中，大数据都可以发挥巨大的作用。

　　对于人们日常生活产生的大数据，通常是在累积之后，周期性地进行处理与分析，准确率能达到 90% 就非常有价值了。但大数据在智能制造中要创造价值，就必须将生产过程中的工业大数据应用于工厂设备端，并进行实时的分析处理和执行反馈。在工业生产领域中，工业大数据的准确率需要达到 99.9% 甚至更高，一旦工业生产制造上的数据出现误差，会给产品后续生产的各个环节带来难以估计的损失。

工业大数据概念图

　　通过对工业大数据的分析和计算，可以为智能制造中优化生产过程、提高产品质量、远程服务大型设备等提供技术支持。大数据还可以帮助制造企业提升营销的针对性，减少物流和库存成本，降低生产资源投入风险。通过利用销售数据、产品数据和供应商数据等，企业可以准确地预测全球不同区域的商品需求。随着大规模定制和互联网的发展，消费者与制造企业之间的交互和交易行为也将产生大量的数据，挖掘和分析这些动态数据，能够帮助消费者参与产品需求分析和产品设计，为产品创新作出贡献。制造企业先对这些数据进行分析和处理，再传递给工厂的智能设备，实施数据挖掘、设备调整和原材料准备等步骤，最后生产出符合个性化需求的定制产品。

福特汽车公司的大数据分析

据报道，美国福特汽车公司（以下简称"福特公司"）的每一个职能部门都会配备专门的数据分析小组，并且在美国硅谷设立了一个专门依据数据进行科技创新的实验室。实验室中收集了大约400万辆装有车载传感器的汽车数据，通过对数据进行分析，工程师可以了解司机在驾驶汽车时的感受、外部的环境变化以及汽车的相应表现，从而改善车辆的操作系统，实现能源的高效利用以及提高车辆的排气质量。同时，针对车内噪音问题，改变了扬声器的位置，最大限度地降低了车内噪音。

福特公司一直希望通过使用先进的数据分析模型降低福特汽车对环境的影响，从而提高公司的影响力。针对燃油经济性问题，福特公司的研究团队基于统计数据的模型，对未来50年内全球汽车所产生的二氧化碳排放量进行预测，进而帮助公司制定较高的燃油经济性目标，并提醒公司高层领导保持对环境的重视；针对汽车能源动力选择问题，福特公司的数据团队利用数字建模方法，证明了某一种能源动力要取代其他所有动力的可能性很小，由此开发出包括 EcoBoost 发动机、混合动力、插电式混合动力、灵活燃料、纯电动、生物燃油、天然气和液化天然气在内的一系列动力技术。福特公司还设计了具有特殊功能的分析工具，如福特车辆采购计划工具，根据客户的需求帮助他们进行采购分析，同时也帮助他们降低成本和保护环境。福特公司认为分析模型与大数据将是提高自身创新能力、竞争能力和工作效率的下一个突破点，在越来越多新技术不断涌现的今天，大数据分析将为消费者和企业自身创造更多的价值。

工厂里的"身份证"

你将了解：

无线射频识别技术及其应用

工业物联网的应用

通过使用大数据和云计算等技术，我们可以用数字化的方式将生产制造中的各种数据准备好，下一步就要把这些数据准确无误地传达给制造工厂里的各种设备，并且让它们有条不紊地工作，这是怎么做到的呢？这就需要我们给每个产品和设备办理一张"身份证"，有了"身份证"后，它们就可以被跟踪和识别，进而被分配任务。这有点像我们乘高铁时刷身份证和去超市买东西时刷商品条形码或二维码，刷一刷就可以获得身份信息。

手机二维码

无线射频识别技术

我们在刷商品条形码时，不需要摄像识别或物理接触，这种阅读器与标签之间非接触式的自动识别技术就是无线射频识别技术（以下简称"RFID 技术"）。RFID 技术是一种先进的非接触式的射频自动识别技术，识别距离远，速度快，抗干扰能力强，具备多目标同时识别等优点；同时，无线射频识别标签还具有普通条形码所不具备的优点，如防水、防磁、耐高温、寿命长、远距离读取以及数据可更改、可加密、存储量大等，在物流、制造、交通、军事等领域具有广泛应用前景，被认为是 21 世纪最有发展前途的信息技术之一。

无线射频识别（RFID）

作为一种新技术，RFID 技术是无线电技术与雷达技术的结合。1948 年，哈里·斯托克曼（Harry Stockman）发表了《利用反射功率的通信》的论文，奠定了无线射频识别的理论基础，并在第二次世界大战中得到发展。当时为了鉴别飞机，又称为"敌友"识别技术，该技术现在仍在飞机识别中使用。

典型的无线射频识别系统包括电子标签、读写器（天线）和应用系统三个主要组成部分。当带有电子标签的物品进入读写器（天线）辐射范围时，接收读写器（天线）发出的无线射频信号。无源电子标签凭借感应电流所获得的能量发送出存储在标签芯片中的数据，有源电子标签则主动发送存储在标签芯片中的数据。读写器（天线）一般配备了有一定功能的中间件，可以读取数据和解码，并能直接进行简单的数据处理，然后传送至应用系统进行数据处理，这一过程便完成了信息的识别与传递。

由于 RFID 技术可以便捷地获取信息，所以已经广泛地应用于各行各业中。特别是在物流业中，一些物流公司最先采用了无线射频识别物流配送技术，使它们在与其他企业竞争中占据优势。RFID 技术还用于出租车管理、公交车枢纽管理、铁路机车识别、高速公路电子不停车收费系统（Electronic Toll Collection，简称 ETC）、电子护照和第二代身份证等其他各种电子证件以及贵重物品和票证的防伪等。

手机扫描

高速公路电子不停车收费系统（ETC）

RFID 技术在物流业中的应用

RFID 技术在物流业中的应用

在零售业环节，无线射频识别能够改进零售商的库存管理和实时补货，并对运输进行有效追踪；智能标签能对某些时效性强的商品在有效期限内进行监控；商店还能利用无线射频识别系统在付款台实现自动扫描和计费。特别是在超市中，免除了跟踪过程中的人工干预，并使生成的业务数据达到 100% 准确。

在物流仓储环节，RFID 技术用于实现存货和取货操作的自动化，减少了整个物流流程中由于商品误置、送错、偷窃、损害以及库存和出货错误等造成的损失；在运输环节，给运输货物和车辆贴上无线射频识别标签，运输线的一些检查点安装无线射频识别接收和转发装置，这样在接收装置收到标签信息后，连同接收地的位置信息上传至通信卫星，再由通信卫星传至运输调度中心，进入数据库；在物流配送分销环节，采用 RFID 技术可以大大加快配送的速度以及提高拣选与分发的准确率，也可以减少人工和配送成本。

在每个环节中，无线射频识别系统都可以将读取到的信息与最初的发货记录进行核对，可能出现的错误都能被检测出，然后将无线射频识别标签更新为最新的商品存放地点和状态。库存控制得到精确管理，甚至可以确切了解目前还有多少商品处于转运途中、始发地和目的地以及预计到达时间等信息。

传统的生产制造过程中，条形码被广泛地应用于各个环节中，而且需要人工干预，无法很好地实现自动化，在一些特殊的工作环境中也无法使用。RFID 技术作为一种新的射频自动识别技术，在识别、感知、联网、定位等方面具有强大的功能。无线射频识别标签相当于设备和物品的"身份证"，为产品制造提供新的解决方案，将开启智能制造技术的新篇章。

将 RFID 技术应用于数字化车间，可以对加工设备进行可视化跟踪管理和智能维护，实现加工设备性能的在线检测、风险预警、故障诊断和专家支持等。在传统制造中，只能一边生产一边人工记录故障，生产完成后，再统计各道工序的信息，不仅费时费力，还不能做到非常精确。在生产线的各道工序上安装无线射频识别设备，并在产品或托盘上放置可反复读写的无线射频识别标签。这样，无线射频识别设备就可以读取产品或托盘上的标签信息，并将这些信息实时反馈到后台的管理系统中，可以及时了解生产线的工作状况。

将 RFID 技术与传感器技术相结合，可以实时、高效地获取产品在加工、装配等阶段的信息，保证正确使用机器设备、工具和零部件等，从而实现"甩图纸"后的传递精确信息和减少等待时间。通过 RFID 技术获取的信息也可以为企业管理提供有力的数据支持，实现智能产品全生命周期的管理。

工业物联网

无线射频识别标签使得每个产品和设备有了自己的"身份证"，管理中心可以通过这些标签对每个产品和设备进行互联和控制，这就是物联网（Internet of Things，简称 IoT），即万物相连的互联网。物联网是在互联网基础上延伸和扩展的网络，它是将现实世界中的物体连接到互联网上，使物与物、人与物可以方便沟通。未来，大部分"物"将会连接到物联网上，比如一把椅子、一台冰箱、一辆汽车等。在巨大的物联网中，每分每秒都有无数的"物"在交换信息，不仅可以实现许多操作的自动化和智能化，也可以使信息交互更加便捷。比如想去附近自动贩卖机买一瓶饮料，去之前就可以知道饮料是否已经卖完或还有多久会补货；夏天放学或下班回家前，可以提前把空调打开，可以提前知道冰箱里还有什么吃的。未来，物联网将会广泛地应用于网络融合中，是新一代信息产业的发展趋势，也是信息化时代发展中必不可少的一部分。

物联网概念图

在制造业领域，物联网应用称为工业物联网（Industrial Internet of Things，简称 IIoT）。工业物联网是指在生产制造中，通过使用物联网技术使机器之间以及与环境和其他基础设施进行通信，并使机器能够实现自我调节和智能化。具体来说，在 RFID 技术的基础上，通过将具有感知和监控能力的各类采集、控制传感器以及移动通信、智能分析等技术不断融入工业生产的各个环节中，大幅提高生产效率，改善产品质量，降低产品成本，减少资源消耗。大部分的工业物联网都以某种形式涉及数据存储、大数据分析和云计算。

工业物联网概念图

工业物联网使制造企业的竞争领域不再局限于产品功能和服务，而是可以扩展到在使用这些产品或服务所创造的数据和信息时，通过大数据分析，帮助企业将工业物联网产生的数据转化为有价值的信息，协助企业开发新产品、新服务和新模式，从而发展到智能化阶段。目前，工业物联网仍处于试验阶段，只有少数大型制造商进行投资。随着传感器变得更小巧和低廉，特别是随着5G 网络的普及，工业物联网的应用范围将会进一步扩大。

 **想一想**

工业物联网的应用使工厂通过网络把所有设备都连接起来，机器操作、质量控制和产品管理将更加便捷。你认为在物联网技术的使用过程中会遇到什么问题？

智能制造

秀出组合拳

3

　　随着各类高新技术的发展，制造业逐步进入智能化时代，但目前绝大多数企业还处于入门阶段。个别企业只是实现了信息化和部分自动化，达到数字工厂的水平；只有极少数企业实现了人机的有效交互，达到智能工厂的水平。尽管如此，智能制造发展过程中的 CAD 技术、CAE 技术、自动化技术和人工智能技术等在产品设计和生产制造环节中还是发挥了显著作用，推动企业向智能化发展。本章我们将通过几个综合案例来具体了解智能制造是如何利用这些独门秘籍秀出组合拳的。

无人值守的关灯工厂

你将了解:

智能工厂是什么

富士康的关灯工厂

说起关灯工厂,大家会不会有这样的疑问:工厂的灯都关了,那要怎么运作呢?工人们都看不见东西了……其实,这里所说的关灯工厂是指关了灯也可以生产的自动化工厂。通过机器自主学习把工人从传统制造业的流水线上解放出来,让物体和机器之间相互沟通,机器人不需要光线就可以运用数字处理进行工作。随着第四次工业革命的到来,计算机和机器人变得越来越聪明。工厂中,人们逐渐开始用机器替代人工,用计算机替代人脑对整个生产制造过程进行计划、管理和监测,工厂变得更加智能化。

富士康公司有超过 6 万台机器人、超过 1600 条装配线、超过 5000 种测试设备管控生产品质,第三方开发者超过 3000 位,拥有超过 1000 个 App……这些重要的生产大数据对企业有着非常重要的意义,富士康公司的工业互联网平台希望这些数据都能成为资源,并利用这些数据资源推进以机器人替代人工的关灯工厂计划。

智能工厂

　　工厂是制造的重要载体。想要实现智能制造，生产线、车间和工厂的智能化是必需的。智能工厂主要通过构建智能化生产系统和网络化分布生产设施实现生产过程的智能化，因此智能工厂中的各个系统已经具备了学习、分析、判断、规划和预测等能力，实现了人与机器的协调合作。

智能工厂概念图

　　工厂一般由生产线组成，而生产线又是由工站组成。想要实现工厂的智能化，首先需要实现工厂里每个工站（也就是每个工作岗位）的自动化，即用机器人替代岗位上的工人，做重复的或危险的工作，如车床加工、打磨等。

　　接下来，就要实现生产线智能化。比如生产一把椅子，原来需要十个步骤，每个步骤都需要一个工人操作。如果把十个步骤连接起来，并通过机器自主学习和分析对其优化调整，那么可能只需更少的步骤就可以实现整个生产流程的优化和自动化。生产线智能化可以减少机器人的使用量，从而降低生产成本。

工站自动化

生产线智能化

实现了工站自动化和生产线智能化后，可以进一步使整个工厂实现自动化和智能化。在整个生产过程中实现无人化或少人化是未来智能工厂的主要发展方向之一。

由于各个行业生产过程的不同以及智能化程度的不同，智能工厂的建设主要分为以下三种模式。

第一，在石化、钢铁、冶金、建材、纺织、造纸、医药、食品等流程制造领域中，企业发展智能制造的内在动力在于产品品质可控，侧重从生产数字化建设起步，基于品质控制需求从产品线末端控制向全流程控制转变，即从生产过程数字化到智能工厂。

第二，在机械、汽车、航空、船舶、轻工、家用电器和电子信息等离散制造领域中，企业发展智能制造的核心目的是拓展产品价值空间，侧重从单台设备自动化和产品智能化入手，通过生产效率和产品效能的提升实现产品增值，即从智能制造生产单元到智能工厂。

第三，在家电、服装、家居等距离用户最近的消费品制造领域中，企业发展智能制造的重点在于充分满足消费者多元化需求的同时，实现规模经济生产，侧重通过互联网平台开展大规模个性化定制服务，即从个性化定制到互联工厂。

工业 4.0 时代下德国的智能工厂

西门子安贝格电子制造工厂

德国是工业 4.0 概念的提出者，也是世界上首个实现智能工厂建设的国家。位于德国巴伐利亚州东部的西门子安贝格电子制造工厂就是基于互联网的早期智能工厂。占地约 10 万平方米的工厂仅有一千名左右的员工，近千个制造单元通过互联网进行联络和控制，大多数设备都是在无人操作的状态下进行工作和组装。令人惊叹的是，西门子安贝格电子制造工厂中，每 100 万件产品中，大约有 15 件次品，合格率高达 99.9985%。

罗伯特·博世有限公司洪堡工厂

罗伯特·博世有限公司（以下简称"博世"）是全球第一大汽车技术供应商，它的汽车刹车系统在市场上实力不凡。作为博世旗下的智能工厂代表，洪堡工厂生产线中所有的零部件都有一个独特的无线射频识别标签，能与沿途关卡自动连接。每经过一个生产环节，读卡器会自动读出相关信息，并反馈到控制中心，由控制中心给出相应处理措施。引入无线射频识别系统后，洪堡工厂库存减少 30%，生产效率提高 10%，可节省上千万欧元的成本。让每个零部件都拥有自己的"身份证"且可以相互"沟通对话"是智能工厂的重要表现形式之一。

富士康的关灯工厂

2019 年，世界经济论坛从全球一千多家工厂中挑选出了 26 家在第四次工业革命应用方面有卓越成效、走在世界前沿的企业，被称为灯塔工厂。灯塔工厂是智能制造和第四次工业革命的示范者和领导者，能为其他企业带来灵感，像灯塔一样照亮前方。其中有 6 家中国企业，包括富士康、海尔等。富士康的"柔性装配作业智能工厂"（以下简称"关灯工厂"）于 2019 年 1 月入选灯塔工厂，成为智能工厂的一个典型代表。

富士康在深圳的关灯工厂就是智能工厂的一个示范，整个项目共导入 108 台自动化设备，并完成联网化。项目完成后，人力节省 88%，效益提升 2.5 倍，由此可见智能工厂所带来的巨大变革。我们熟知的苹果手机一直是由富士康代加工生产的，目前富士康已经开始使用关灯工厂自动化生产苹果手机。

和人类一样，为了使智能化的关灯工厂中的每个环节都能有条不紊地运转，需要有一个像"大脑"一样的控制中心。如果说关灯工厂是富士康的"手脚"，那么 BEACON 平台就是富士康的"大脑"。通过"大脑"的策划和指挥来操控"手脚"进行生产。

富士康的 BEACON 平台结合感应测量技术和分析决策系统，实现了智能机器之间以及人机之间的互联互通，目前已经成为全球最大的工业互联网大数据平台，并通过数据分析、预测演算等实现了系统维护优化、机器自主学习、智能决策等应用。BEACON 平台是以云计算、移动终端、物联网、大数据、人工智能、高速网络和机器人为基础构建的工业互联网平台，它能通过工业互联网、大数据、云计算等软件以及工业机器人、传感器、交换机等硬件的相互整合，对制造过程中的各种数据实时收集、整理、分析和呈现，并对生产过程进行操控和监测。目前，BEACON 平台已对外部开放和共享。通过推行和实践富士康的 BEACON 平台，许多工厂的生产效率提高了 30%，生产周期缩短了 18%，生产成本降低了 21%，能源消耗降低了 20%。

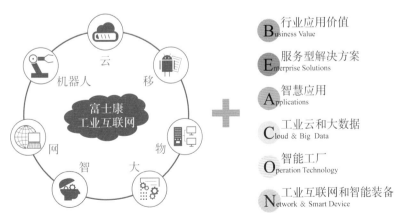

富士康的 BEACON 平台

解密智能制造

除了富士康在积极推进智能工厂建设外，很多我们熟知的企业（如华为、上汽通用、美的等）都在构建自己的自动化工厂。目前，我们生活中使用的许多产品都是通过智能工厂生产出来的。

汽车自动化生产线

饮料装瓶自动化生产线

 想一想

随着数字化和自动化的发展，关灯工厂在制造企业中逐渐盛行。关灯工厂作为现代制造业的突出呈现形式之一，其背后凝聚了许多制造人的智慧和心血。想一想：关灯工厂中的哪些技术是实现关灯的基础？

化繁为简的飞机制造

你将了解：

中国大飞机的研发历程

数字化设计和生产在 C919 项目中的应用

大飞机一般是指最大起飞质量超过 100 吨的运输类飞机，包括军用大型运输机和民用大型运输机。国际上，把 300 座以上的客机称为大飞机；而中国把 150 座以上的客机称为大飞机，这是由各国的航空工业技术水平决定的。中国大飞机包括著名的"三剑客"——大型运输机运 -20、水陆两栖飞机鲲龙 -600 以及 C919。2017 年 5 月 5 日，中国首款国际主流水准的干线客机 C919 在上海浦东机场圆满首飞。

以大飞机为代表的现代飞机设计是一项任务复杂、周期长、技术含量高的工作，其研发过程充满了挑战性。C919 的生产是中国制造业产业升级的一个重要战略支点，是智能制造、全球化协同研发、互联网及物联网技术实际应用的一个重要里程碑。

数字化设计助力 C919 的设计和验证

飞机的研发制造是一项集传统力学、空气动力学、材料力学、机械结构设计、电气设计等学科于一体的复合工程。在基础设计阶段，需要不断修改和优化设计图纸以及进行烦琐的力学分析。传统的图纸和模型的设计与验算方式不仅效率低下，而且较容易出现误差。CAD 技术不仅可以直观地将飞机模型的 3D 状态展示出来，而且设计人员可以进行便捷的参数化修改。在提高基础设计效率的同时，也可以实时存储和共享信息资源，便于设计人员协同工作，大大降低了出错的概率。

飞机结构 CAD 设计

我国在设计支线客机 ARJ21 时就开始引入数字化设计技术，受到当时技术水平的限制，在加工阶段，ARJ21 项目仍然把三维数字模型输出为二维工程图。C919 项目中使用了主流的基于模型的产品数字化定义（Model Based Definition，简称 MBD），对飞机进行了全面三维数字化定义。在三维数字环境中，设计人员可以方便地分析飞机零部件的状态、位置和施工空间等。C919 项目中利用定制的基于模型的产品数字化定义工艺设计环境，开展了虚拟装配仿真的集成应用，实现虚拟制造环境下的三维数字化装配工艺设计和装配过程仿真，成为工人技术培训的参考资料和生产现场指导工人工作的技术依据。

数字化生产助力 C919 的装配

20 世纪 90 年代，随着航空产品数字化定义和虚拟设计技术的发展，国外先进航空企业提出飞机柔性装配技术的概念，它与数字化设计技术和信息技术相结合，形成了自动化装配技术的一个新领域。

在 C919 项目中，针对自动化生产和高精度装配质量的要求，我国联合国外生产线供应商，规划并设计了五条先进的柔性装配生产线，分别是机身及全机对接装配生产线、水平尾翼装配生产线、中央翼装配生产线、中机身装配生产线和总装移动生产线，以实现部装自动化、数字化和柔性化，适应 C919 的装配和对接需求。机身及全机对接装配、水平尾翼装配、总装移动三条生产线已在 101 架机（即第一架 C919）装配中使用，中央翼和中机身两条生产线已在 103 架机装配中使用。

在 C919 的生产过程中还采用了自动钻铆系统及工艺技术、大部件自动定位对接技术、复合材料自动化制孔技术、数字化测量技术等自动化生产手段，明显提高了飞机总装的生产效率。

飞机自动化装配生产线

其他技术在 C919 中的应用

金属 3D 打印技术基于数字化模型，可以便捷地制作复杂零件。为了减轻质量和提高安全性，在 C919 的结构设计和制造过程中，设计人员多次使用 3D 打印技术和特种金属（钛合金），共装载了 28 件 3D 打印钛合金舱门件和 2 件风扇进气入口构件。钛合金 3D 打印技术成功应用于 C919 舱门件，有效缩短了零件交付周期，并建立了钛合金 3D 打印专用原材料和产品规范，有效保证了产品的性能。除此之外，智能制孔机器人设备也首次在 C919 项目上成功运用，主要在中后机身上、下半部对接处制孔。物联网技术支持下的配件供应信息网络完备，我国可以准确、快捷地查询到相应配件的供给信息和所处状态，使 C919 项目的完工和飞机测试更加便利。

意义非凡的 C919 项目

20 世纪 70 年代，中国提出自主研发飞机的战略目标。从通过仿制和测绘设计的运 -7 到自行研制但却没有正式定型投产的运 -10，再到不断学习并崭露头角的 ARJ21 系列支线客机，再到 C919，历经近半个世纪，中国从无到有，一步一个脚印谱写了大飞机研发历史上的不朽诗篇。

C919 于 2008 年 11 月立项，是国产中程干线客机，计划于 2016 年取得适航证并交付用户。结合 ARJ21 翔凤客机的运作机制和管理模式，C919 最为核心的航电系统、飞控系统和发动机都有中国航空工业集团有限公司（以下简称"中航工业"）或中国商飞参与其中。虽然现阶段 C919 仍使用进口发动机，但预计 2020 年后，将换成国产发动机。C919 的机身和气动布局几乎都是由中航工业和中国商飞共同完成，起落架、辅助动力、液压系统、电源系统等也是由中航工业和国外合作伙伴合力完成。

C919 对中国的意义不仅仅是一款干线客机那么简单。在经济方面，C919 能使中国民航不再依赖欧美中层干线客机，打破欧美航空巨头的垄断，为国家节省大量外汇；在军事方面，用 C919 改装预警机、高新机等大型军用特种飞机的潜力巨大；在社会效益方面，C919 项目能带动上下游产业的发展，增加高收入岗位，带动地方经济发展。

 想一想

大飞机的设计和制造是一项复杂工程。随着大数据、人工智能、云计算和制造业的深度融合，越来越多的技术被应用于飞机制造的各个环节中。近年来，5G 技术的发展将为智能制造提供更为广阔的应用前景，那么 5G 技术在大飞机的设计和制造中可以发挥什么作用呢？

抗疫战争中的智能制造

你将了解：

数字技术助力方舱医院建设

智能制造助力防疫物资生产

机器人变身抗疫助手

2020 年，新型冠状病毒肺炎给全球的生产生活秩序带来了巨大的冲击，防疫物资告急，医院人手紧缺，疫情防控和生产复工面临诸多不确定性。智能制造借助智能化的技术支持和产品体系，在物资生产、医疗援助、疫情防控、复工复产等方面发挥了举足轻重的作用。比如智能化生产设备助力我国口罩日产量破亿；机器人不仅可以缓解医院人手压力，也可以在帮助企业复工复产的同时，保障生产安全和生产效率；工业云在协助抗疫物资供需匹配、云办公、搭建疫情防控系统等方面也有出色表现；武汉火神山医院和雷神山医院的快速建成所体现的中国制造新速度得到了世界的称赞。

数字化技术助力方舱医院建设

设计师采用 CAD 技术设计方舱医院

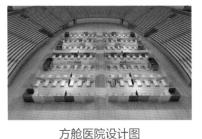

方舱医院设计图

　　方舱医院是以医疗方舱为载体，医疗与医技保障功能综合集成的可快速部署的成套野外移动医疗平台。方舱医院一般由医疗功能单元、病房单元、技术保障单元等部分构成，是一种模块化卫生装备，具有紧急救治、外科处置、临床检验等功能。由于它具有机动性好、展开部署快速、环境适应性强等优点，所以能够适应突发的应急医学救援任务，因此受到许多国家的高度重视，在我国抗震救灾等公共卫生应急保障中发挥着巨大作用。2020年 2 月，为了应对疫情，我国建立了武汉火神山、雷神山等十所方舱医院。

　　火神山医院从设计方案到正式交付只用了 10 天，可容纳两千余名医护人员的雷神山医院的建成只用了 13 天，用于收治轻症患者的首批方舱医院更是在 32 个小时内完成。由于时间紧和任务重，设计人员采用 CAD 技术对场地进行规划和设计，包括医院设备、床位摆放、房间通风和排污等。通过 CAD 技术的使用和设计人员的努力，医院整体设计图纸在 2 天内就设计完成。试想如果没有 CAD 技术，还是采用手工绘图，那将会耗费多少时间，又将会耽误多少病人的救治呢？除此之外，设计人员还运用计算机设计和模拟方舱医院的组装结构，保证方舱医院能够快速有效地被组装和运用起来。

利用物联网技术对方舱医院进行有序管理

　　方舱医院快速建成后，立即投入使用。可这些医院占地面积都非常大，如中国光谷日海方舱医院占地约 18.9 万平方米，可提供 3690 个隔离床位。这么大的地方、这么多的床位以及不计其数的医护人员、患者、医疗器械、防护物资等，如何才能把他们管理得有秩序呢？

　　原来可以通过物联网技术给医护人员、患者、医疗器械等都配发定位标签，将数据通过物联网传送至云平台，系统能够监测病人在活动区域范围内的实时位置和运动轨迹，并提供越界报警等信息服务。当病人遇到突发情况时，可通过佩戴的定位标签实现一键呼叫。系统不仅能对方舱医院各类型人员的数量和区域分布进行实时统计，也能对院内巡检人员的到访区域和时间进行管理，还能对院内安装定位标签的医疗器械进行定期追踪和管理。

智能制造助力防疫物资生产

疫情发生以来，防疫物资和设备需求迫切，护目镜和防护面罩等物资都要反复使用，难以保证卫生和安全。此时，智能制造企业快速调整生产线，参与防疫物资生产，提高生产效率，保证物资的供应。

其中，口罩作为疫情期间需求量最大的物资之一，一度十分紧缺。能在特殊时期生产口罩的企业大都拥有自动化、数字化程度较高的生产线，以便在复工生产的同时，避免因人员聚集而造成疫情的扩散。同时，除了传统的口罩生产企业外，以富士康、上汽通用五菱、长盈精密为代表的制造企业以及以利元亨、拓野机器人为代表的智能制造系统集成企业也迅速加入口罩生产队伍中。这些跨界企业依托强大的柔性化生产能力和数字化基础支撑，在极短时间内形成口罩产能，快速提高口罩产量。数据显示，截至 2020 年 3 月，中国口罩日产量已突破 1.1 亿只，较平常日产量增加九千多万只。

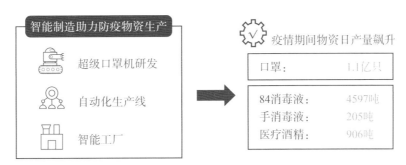

智能制造助力防疫物资生产

得益于工业机器人和智能装备的应用，上海多家企业实现无人生产或不碰面生产，以机器代替人工，在保证生产效率的同时，极大地减少了人员的流动和聚集，也解决了疫情期间的工厂用工问题。工业机器人不仅可以连续工作，还会利用空闲时间自己跑去充电桩充电，并且与输送线、螺旋机等自动化设备无缝衔接和紧密配合。一些企业也利用 3D 打印技术生产护目镜等防护设备，不仅在一定程度上提供了相当数量的防护物资，也通过机器的全自动生产避免了因人员聚集而产生的内部感染隐患。

在南京，许多企业利用 3D 打印技术，以特种混凝土为耗材直接打印方舱医院。传统的混凝土构件需要制模、养护等工序，一般需要 28 天左右。换成 3D 打印技术之后，整个打印和安装只需要 1 天半，同时整个制造过程全部由机器完成，极大地提高了制造效率和便捷性，减少了人力资源的投入。打印出来的方舱医院不仅冬暖夏凉，成本低廉，非常牢固，还无须像传统的建筑那样先打造地基。

面对蔓延不止的全球化疫情，率先迎来防疫拐点的中国也向其他国家伸出援手，中国制造的口罩、防护服、检测试剂等防疫物资源源不断地运向海外，点亮"中国名片"的同时，与全球人民共渡艰难。

机器人变身抗疫助手

由于感染人数较多，医护人员非常紧缺，经常出现一个医护人员看护多个病人的情况，不仅极大地增加了医护人员的工作压力，而且增加了医护人员感染病毒的风险。为了尽可能地减少个体接触和降低交叉感染的可能性，各类服务型机器人纷纷"出战"，变身抗疫助手。比如机器人可以定期巡视方舱医院以及检测病人的体温，并把记录上传至网络；医护人员可以在线查看病人的情况，也可以通过机器人和病人对话，进行远程问询；机器人还可以给病人播放音乐，为病人提供心理安慰；机器人还可以承担送药、送餐进隔离区以及回收病号服和医疗垃圾等工作。机器人既可以减轻医护人员的负担和降低传染概率，又可以为患者带来服务和关怀。

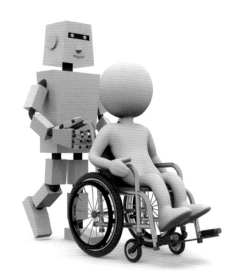

护理机器人

武汉、上海等地的医疗机构中，机器人消毒代替人工消毒，助力疫情防控。机器人可以在无须人工干预的情况下进入隔离区消毒，钛米消毒机器人包括紫外线灯、过氧化氢、次氯酸等多种消毒方式，能够对医院内的流动空气和物体表面进行高水平消毒。

挨家挨户地毯式排查疑似病例和密切接触者等防疫工作给各街道、社区带来了极大的挑战。针对这一情况，许多社区率先上线百度 AI 外呼机器人、云知声等智能防疫机器人，它们能够进行批量一对一电话呼叫，可以定向拨打社区居民电话。通过多轮对话的方式，自动采集和确认居民的相关信息，包括个人身份信息、近期活动区域、接触人群、近期症状等，并自动生成统计结果。对于重点防控对象还可以自动标记，排查效率较人工提升数百倍，为疫情的排查、回访和登记工作节省了大量的人力。

疫情终将会被战胜，为抗疫奋斗过的人不会被大家忘记，参与过抗疫的智能制造技术也将会被更广泛地应用。

 想一想

由于新型冠状病毒肺炎的爆发，许多学校都没有开学，通过在线云课堂进行学习。请大家想一想：在智能制造时代，制造企业是否可以通过远程云复工解决生产或现场问题呢？

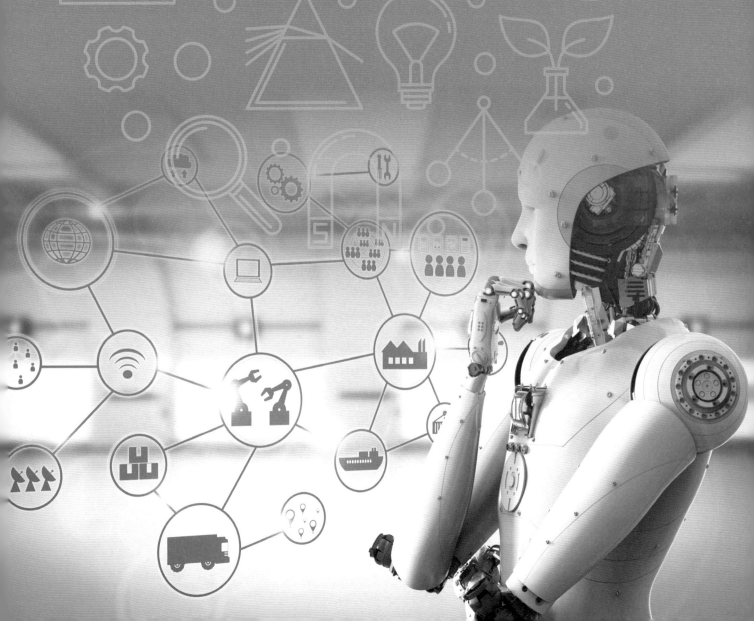

智能制造
的宗师之路

4

　　每一次科技革命都预示着生产组织方式和产业形态的深刻变革。智能制造是一个不断发展和持续改善的系统工程，要实现整个制造业的智能化，需要涵盖从产品设计到生产制造、从仓储物流到营销服务等环节，融合信息技术、先进制造技术、自动化技术、新一代通信技术等。智能制造在不断推动这些技术高速发展的同时，还将受到人工智能、5G、物联网、机器人和3D打印等新型信息技术的影响。智能制造不仅推动传统制造业的转型升级，由其发展的技术和生产的各类智能产品也将渗透到日常生活的方方面面。

前沿技术　打破传统

你将了解：

数字孪生

共融机器人

柔性电子制造

虚拟现实、增强现实和混合现实

5G 赋能智能制造

　　人类的伟大之处在于能将许多幻想变为现实。过去，我们在科幻电影中看过的"未来"已经到来，比如网络传输、自动化运转的机器、各种电子设备运行的指令等，屏幕中出现的酷炫场景，如今在智能制造时代都奇迹般地变为现实。虽然还有许多幻想和憧憬暂时尚未实现，比如设想的空中汽车尚未出现，但是高铁和无人驾驶却发展迅猛；拥有意识的"天网"尚未出现，但人工智能已在无形中改变了我们的生活；人类大脑尚未被改造成"电子脑"，但脑机接口产品已应用于医疗和教育等领域。

　　随着科技的不断发展和突破，科幻电影里的场景终将在未来一一实现。在 2019 世界智能制造大会"智领全球发布会"上，国际智能制造联盟（International Coalition of Intelligent Manufacturing，简称 ICIM）发布了《2019 智能制造前沿技术》，包含了多项具有前瞻性、先导性、探索性的技术。这些技术将会在很大程度上引领智能制造的发展趋势，让我们来看看有哪些技术吧。

数字孪生

数字孪生是指充分利用物理模型、传感器更新、运行历史等数据，集成多学科、多物理量、多尺度、多概率的仿真过程，在虚拟空间中完成映射，从而反映相对应的实体装备的全生命周期过程。简而言之，数字孪生就是在一个现实中存在的设备或系统的基础上，创造一个数字化虚拟版的"克隆体"，也就是现实存在的设备或系统的数字化表现。

科幻电影《黑客帝国》为大家展现了一个虚拟和现实相映照的世界，两个世界中都有一个自己，仿佛就是一对虚实世界的"双胞胎"。而这项科幻电影中的技术已经成为现实，并应用于智能制造中，这就是数字孪生（Digital Twin，简称 DT），也叫"数字双胞胎"。

大家是不是觉得数字孪生与之前提到的计算机辅助设计差不多，都是通过计算机构建一个虚拟模型；但其实是不一样的，计算机辅助设计只是设计虚拟模型的外观和尺寸，而数字孪生是对实体对象（可称为本体）的动态仿真。也就是说，数字孪生体是会动的，但是数字孪生体不会随便乱动，它动的依据来自现实中的本体、本体中传感器反馈的数据以及本体运行的历史数据。本体的实时状态和外界的环境条件都会复现到虚拟的数字孪生体上。可以说，数字孪生是从物理世界到数字世界，再从数字世界回到物理世界的过程。

数字孪生思想最早出现于 2002 年，由美国人迈克尔·格里夫斯（Michael Grieves）提出，后来被美国空军研究实验室用于战斗机机体的健康维护。随着技术的成熟与发展，目前已被逐渐应用于工业、医疗、基建和航空等领域。不少制造企业特别是大型跨国企业，都开始基于数字孪生技术拓展新方向，提升自己的竞争力。

数字孪生汽车

　　在生产制造过程中，如果要对本体进行修改和优化，那么可以先在孪生体上做实验，实验成功后再对本体进行改动。比如我们乘坐的载客飞机飞行在万米的高空中，外界温度非常低（零下30℃左右），这就要求飞机外壳能抵御这种低温。工程师们可以利用数字孪生技术先在虚拟世界中模拟，寻找哪种材料制成的外壳能够抵御这种低温。测试通过之后，再在现实中使用这种材料制造飞机外壳，在实际飞行中还可以进行实时监控。

　　据报道，美国通用电气公司已为自己制造的每一个引擎、每一个涡轮、每一台核磁共振仪都创造了数字孪生体。通过这些数字化模型，在虚拟世界进行调试和实验，让机器的运行效果达到最佳。截至 2018 年，美国通用电气公司已经拥有 120 万个数字孪生体。

数字孪生航空发动机

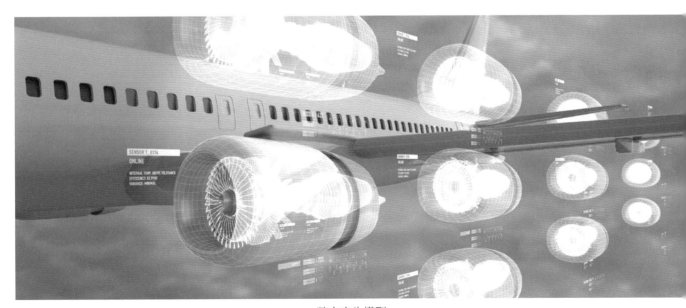

数字孪生模型

解密智能制造

在虚拟工厂方面，国外的西门子、洛克希德·马丁以及国内的华龙迅达、东方国信、石化盈科等公司，基于数字孪生技术打造映射物理空间的虚拟车间、数字工厂，推动物理实体与数字虚体之间数据的双向动态交互，根据数字虚体的变化及时调整生产工艺和优化生产参数，进而提高生产效率。著名的民航制造商空中客车公司已经在多个工厂中部署了数字孪生技术的相关设备，帮助工厂优化制造流程，并使工厂进一步实现自动化。国内的上海电器科学研究院通过数字孪生技术实现了虚拟和现实的交互，上海航天电源技术有限责任公司使用数字孪生平台实现了对工厂运行的规划和监控。

数字孪生技术也运用在智慧城市建设领域，不少国家已经启动"数字孪生 + 城市运行"的管理模式，比如我国的杭州城市大脑、新加坡的虚拟新加坡、法国的数字孪生巴黎、加拿大的多伦多高科技社区等。技术上，阿里的"数字平行世界"和科大讯飞的"讯飞超脑"都把智慧城市和数字孪生相结合，通过数字孪生的虚拟城市，可以实时记录和查看城市的水、电、气、交通等基础设施的运行状态以及警力、医疗、消防等市政资源的调配情况，城市管理者可以通过数据进行配置优化，从而更加高效地管理城市。

 想一想

目前，数字孪生是各界关注的热点，世界著名的信息技术研究和分析公司高德纳咨询公司曾在 2017 年至 2019 年连续三年将数字孪生列为十大新兴技术之一。数字孪生体和本体通过虚实融合和映射，从而为客户提供更好的体验。你认为这种对应关系必须是一对一的吗？为什么？

共融机器人

智能制造的发展伴随着无人车间、关灯工厂等场景的出现，那是不是意味着人的作用会降低，并逐渐由机器人代替呢？机器人是制造业发展的主要技术之一，但人在智能制造时代的作用更加举足轻重，需要发挥人与设备的优势，满足工业发展更加智能化、高度柔性化的需求，也就是人与机器人的共融。

共融机器人是指机器人模仿人类的社会行为，能与工作环境、人和其他机器人进行自然交互，并自主适应复杂的动态环境和协同作业的机器人。机器人变得更聪明了，能配合人的需求，学习人的技能，与人协调互补，成为人类的贴心搭档，人类将与机器人协作共存。

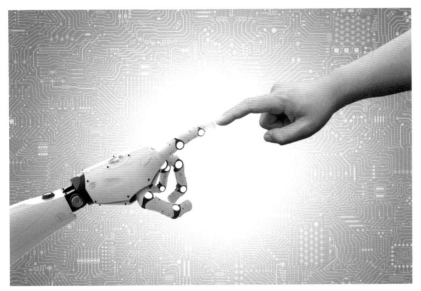

共融机器人

人与机器人的共融体现在智能融合、行为协调和任务合作等维度。人和机器人通过在认知和决策上的互补，提高机器人的智能水平，根据人的想法完成工作；通过行为上的协调和互助，机器人能够融入普通人的工作生活，从而提供一些必要的辅助；通过人与机器人的配合共同完成相应的任务，如在工业领域，机器人和工人配合完成生产任务。

帮助搬运的助力机器人

解密智能制造

　　共融机器人已逐步运用于智能制造中，中国科学院院士丁汉透露，目前中国在大型风电叶片生产中已投入使用共融机器人，实现了对 60 米长的大型风电叶片多机器人协同加工作业。此外，在医疗和家庭服务等方面，共融机器人也越来越常见，相信科幻电影中所展示的机器人与人类共同生活的场景将不再是梦想。

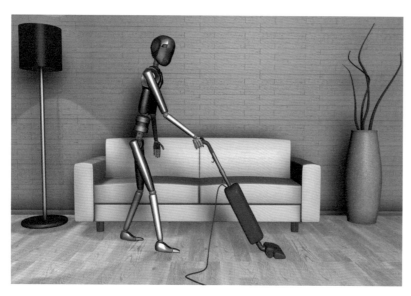

家庭服务机器人

手术机器人

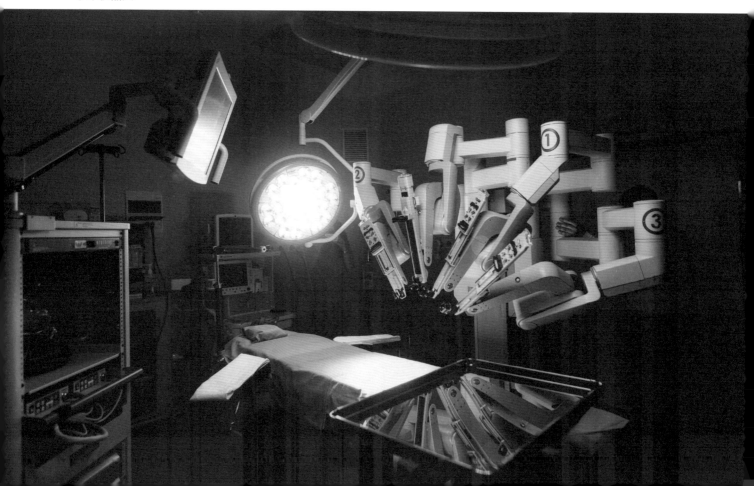

柔性电子制造

除了共融机器人外，有没有可能在某一天人类和机器真正融为一体呢？可以大胆地想象一下：你的手机不再被你拿在手上，而是可以贴在皮肤表面；你的衣服也是一块柔软的显示屏，上面滚动播放着你喜欢的图片。随着柔性电子制造的广泛运用，科学家们正试图以柔性电子器件为媒介，建立人与外界的信息传输系统，这些想象也许很快就能实现。

柔性电子技术是指将柔性的电子元件附着在柔性基底上并形成电路的技术。相对于传统的硅电子器件，柔性电子器件是指可以弯曲、折叠、扭曲、压缩、拉伸甚至变形成任意形状，但仍保持高效光电性能、可靠性和集成度的薄膜电子器件。通过柔性电子技术制造出来的设备可以在一定范围内发生形变后，仍然可以继续正常工作，比如近几年流行的折叠屏手机就是柔性电子制造的代表作。

柔性电子

折叠屏手机

柔性显示屏

柔性电子书

穿戴式柔性传感器

柔性穿戴设备

其实，折叠屏只是柔性屏的一种，由柔性电子技术积累到一定程度发展而来。未来，从手机、平板电脑、电视等日用电子产品的开发到医疗、信息、能源、国防等多领域的发展，柔性电子技术无论是外形上还是功能上都将不断突破创新，带来全新的体验。

柔性电子技术可以将传统的电子器件转变为柔软的、可穿戴的便携式设备，大大改变了人们的生活。但作为一个新兴领域，目前柔性电子技术的研发仍有许多挑战，我们所看到的柔性屏幕和柔性芯片等柔性电子产品也只是技术研发的一部分，如何更好地选择材料以及更新制造工艺是未来将面临的新挑战。

虚拟现实（VR）、增强现实（AR）和混合现实（MR）

虚拟现实（Virtual Reality，简称 VR）和增强现实（Augmented Reality，简称 AR）是近年来科技领域的热门话题，许多大商场里都有 VR 体验游戏，大家并不陌生，与之相关的混合现实（Mixed Reality，简称 MR）也逐步进入人们的视野。那么这三个"R"到底有什么区别呢？

VR 是通过计算机模拟一个三维虚拟世界，人们可以通过各种 VR 工具，在虚拟世界中接收视觉、听觉和触觉反馈，就像在真实世界中一样。简单来说，人们通过虚拟技术看到的一切场景和人物都是假的，它只是把人的意识带到一个虚拟世界。现在大家接触最多的就是 VR 眼镜，通过配合 VR 手柄可以在虚拟世界中完成一些动作。著名导演史蒂夫·阿伦·斯皮尔伯格（Steven Allan Spielberg）在电影《头号玩家》中展示的虚拟游戏世界就是 VR 技术的运用。

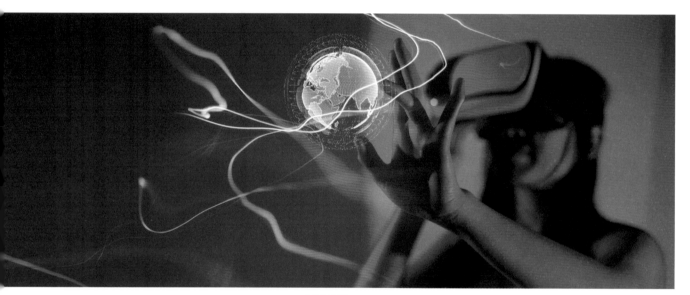

VR 体验

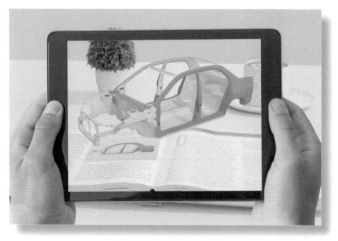

桌上并不存在的物体

AR 与 VR 不同，AR 是通过电脑技术将虚拟信息应用到真实世界里，使真实的环境和虚拟的物体实时地叠加在同一个空间或画面中，两者同时存在，相互补充，从而实现对真实世界的"增强"，呈现出一个半真实半虚拟的世界。AR 设备的代表是微软公司开发的增强现实设备——Hololens，它具有投射新闻信息、观看视频、查看天气、3D 建模和模拟游戏等功能，把虚拟现实和真实世界完美地融合在一起。

MR 是 VR 和 AR 的完美结合。在环境中，既有现实场景也有虚拟场景，并且现实和虚拟可以进行实时互动。目前，MR 技术主要向可穿戴设备方向发展。美国 Magic Leap 公司在 MR 技术上处于世界领先地位，该公司研究的可穿戴硬件设备可以向用户展示融合现实场景的全息影像。

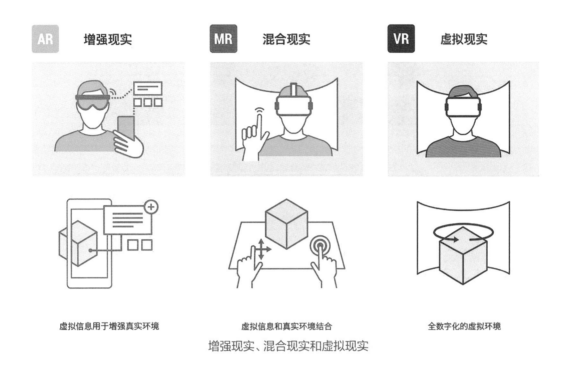

| AR 增强现实 | MR 混合现实 | VR 虚拟现实 |

虚拟信息用于增强真实环境　　虚拟信息和真实环境结合　　全数字化的虚拟环境

增强现实、混合现实和虚拟现实

VR 技术在制造领域的应用，就是虚拟制造（Virtual Manufacturing，简称 VM），即利用虚拟现实和计算机仿真，通过对产品的设计和生产过程统一建模，在计算机上实现产品设计、加工、装配、检验等全部流程的模拟和仿真。利用 VM 技术，企业可以在设计阶段就对产品制造的全过程进行虚拟集成，实现产品的开发周期和成本最小化、产品设计质量最优化以及生产效率最大化。

VM 技术在汽车设计中的应用

据报道，奔驰、宝马、大众等公司利用 VM 技术建立数字汽车模型，设计发动机、车体、电气线路等，并进行碰撞分析、运动分析、模拟数控加工和质量检验等，可将新车型的研发生产周期从一年以上缩短至 2 个月左右，开发成本最多可降到原先的十分之一。西门子公司建立的工厂也安装了 VR 系统，希望通过数字化工厂模拟和优化装配工艺、提高概念设计的效率、精简设计单元和有效规划工厂。未来，越是复杂的生产系统就越需要使用这些技术，从而使人们可以提前发现并减少生产制造中的错误。

虚拟设计

VM 技术在汽车制造中的应用

VR 技术的快速发展为虚拟制造提供了有效的技术手段，极大地促进了 VM 技术的发展和应用，使之朝着可减少建模工作量的 AR 技术和人机交互更灵活的 MR 技术不断前进，它们在未来的智能制造中必将有所作为。

VR 技术的应用

VR 技术的迅速发展使其在制造业特别是航空航天制造业得到了广泛的应用和发展。我国对 VR 技术的应用主要集中在虚拟设计、零件加工过程仿真和装配仿真等方面。而欧美的航空企业在飞机制造过程中已经广泛应用 VR 技术，波音 747 的虚拟设计已经成为虚拟制造的经典案例。波音 747 上的三百多万个零件和飞机的整体设计均是在 VR 系统中进行的，该系统由数百台工作站组成，设计人员利用头盔显示器，在虚拟的"飞机"中穿行，并审视各项设计。波音 777 由于采用了虚拟装配技术，修正了两千五百多处干涉问题，设计更改和返工率减少了 50% 以上，装配时出现的问题减少了 50%—80%。

第五代移动通信技术

想必大家都听说过 5G 手机，虽然可能还没使用过，但一定知道它网速很快。那么什么是 5G 呢？它的出现在未来会如何给智能制造赋能呢？ 5G 或 5G 技术是指第五代移动通信技术（ Fifth Generation Wireless Systems 或 Fifth Generation，简称 5G ），它是最新一代蜂窝移动通信技术，也是 2G、3G 和 4G 系统的延伸，5G 的性能目标是高数据速率、减少延迟、节省能源、降低成本、提高系统容量和大规模设备连接。

5G 时代即将来临，人们开始对未来生活的变化展开无限遐想。比如利用 5G 手机在线看电影会更加清晰流畅；可能再也不需要移动硬盘等存储设备，可以直接通过网络云空间实时获取所需资源；所有物体都是联网的（ 也就是我们所说的万物互联），手机将是这些网联设备的控制中心等。4G 让移动互联网蓬勃发展，而 5G 会使移动互联网发生颠覆性的变化，不仅是手机，也会为人工智能、大数据和云计算等一系列信息技术赋能，改变人类的生活。

5G 技术

2013 年 2 月，欧洲联盟宣布拨款 5000 万欧元加快 5G 技术的发展，计划到 2020 年推出成熟的标准；随后，韩国、日本和美国等都相继开始开发和测试 5G 技术；中国的 5G 技术研发试验在 2016 年至 2018 年进行，分为 5G 关键技术试验、5G 技术方案验证和 5G 系统验证三个阶段。2019 年 9 月 10 日，中国的华为公司在布达佩斯举行的国际电信联盟 2019 年世界电信展上发布《5G 应用立场白皮书》，展望了 5G 在多个领域的应用场景。虽然在之前的 2G、3G 和 4G 网络时代，中国相对处于劣势，但如今华为的 5G 技术已经引领全球，未来将创造更多的价值。5G 网络的优势也开始渐渐显现出来，2020 年 5 月 27 日，中国珠峰高程测量登山队成功登顶后，使用 5G 网络与外界通信，证明了 5G 网络可以抵御恶劣环境，在六千多米的海拔上依然能保持网络的畅通、清晰、稳定。之后，即便在五六百米的井下，5G 网络也能保持网络的稳定性和强信号。

解密智能制造

　　工厂和云平台之间实时可靠的无线通信和高效的人机交互是智能制造的重要保证。未来，5G技术在满足智能工厂多样化需求方面有着绝对的优势：一方面，生产制造设备无线化使工厂模块化生产和柔性制造成为可能；另一方面，无线网络可以使工厂和生产线的建设和改造施工更加便捷，也可以减少大量的维护工作，从而降低成本。在智能制造自动化控制系统中，低时延的应用尤为广泛，比如对环境敏感高精度的生产制造环节、化学危险品生产环节等。智能制造闭环控制系统中传感器获取的信息需要通过极低时延的网络进行传递，最终数据需要传至系统的执行器件，完成高精度生产作业的控制。整个过程都需要网络具有极高的可靠性来确保生产过程的安全、高效。

5G 技术的应用

　　随着智能制造场景的引入，制造业对无线通信网络的需求日益突出，而 5G 网络可以为高度模块化和柔性生产系统提供多样化、高质量的通信保障。和传统无线网络相比，5G 网络在低时延、工厂应用的高密度海量连接、可靠性以及网络移动性管理等方面具有很大的优势，是智能制造的关键使能者。

 想一想

　　你认为 5G 时代下的智能工厂将会是什么样的？

应用领域　改变生活

你将了解：

智能制造对衣食住行等方面的影响

智能制造未来的发展趋势

智能手机、智能电视、智能音箱、智能机器人等一系列智能化产品已经无声无息地改变着人们的生活。智能制造推动着技术革新和产品迭代，看似触不可及甚至异想天开的产品都逐一变为现实。我们也从一开始的好奇尝试到逐渐习惯并产生依赖，这些智能产品渐渐在衣食住行等方面成为常态。

机器人浇花

量体裁衣，个性定制

2019 年，我国棉花总产量为 588.9 万吨。但由于国内制造业发展水平较低，尤其是以纺织为主的轻工业技术落后，优质高产的棉花产品并没有惠及老百姓。过去，由于服装生产技术落后和服饰设计款式单一，所以在很长一段时间里，军大衣和白衬衫等"模范款"成为当时人们为数不多的选择。随着智能制造的发展，一些先进技术也应用于服装生产中，如全自动纺纱车间和自动化服装生产线，促使服装制造发生了质的变化。中国的服装制造完全可以满足国人的需求，众多世界知名服装品牌将研发、设计和生产基地设于中国。

全自动纺织车间

个性化服装定制

除了服装生产数量的大幅增长，在服装款式的设计上，得益于不断发展的 CAD 技术，服装设计相关的 CAD 软件已经成为设计人员必备的工具。服装设计相关的 CAD 软件可以根据不同比例的模型快速修改参数，生成可以用于生产制作服装的布料数据。

在智能制造加持下的服装制造业，开启了从"模范款"到"个性爆款"的转变过程。从服装的构思设计到加工制作所需要的时间大大缩短，甚至可以根据客户的需求定制独特的款式。

随着智能制造和物联网的不断发展与普及，更多的智能服饰和穿戴设备不断走进人们的生活。未来，服装不仅可以彰显人们的个性，还将成为智能生活的一部分。

不仅吃饱，更要吃好

中国的耕地面积仅占全世界的 7%，但是这 7% 的耕地却养育着全世界约 20% 的人口。在一代代农牧业专家和技术人员的不断努力下，中国人民摆脱了饥寒交迫的生活。

粮票

"杂交水稻之父"袁隆平

充足的粮食供应，使人们有了从吃饱吃好到会吃懂吃饮食观念的转变。近年来，我国传统农业呈现出需求不断攀升但农业主体、模式和技术装备落后的状况。智能制造能有效解决人力不足、人工成本过高、农业产品供应不足等问题，为现代农业的智能化、数字化和网络化发展创造可能。

大数据和云计算的应用，为传统农业带来了数字化升级。信息化时代中，数据资源的重要性不言而喻。在农业领域中，大数据通过融合农业地域性、季节性、周期性等特点建立了强大的数据库，再借助云计算，因地制宜地为农业精细化发展提供了切实可行的解决方案。对农业种植和管理以及农产品销售都产生了巨大的贡献，不仅大大减少了人力支出，也稳步提升了粮食产量。

智能蔬菜大棚

机器人和无人机的应用，为传统农业带来了智能化升级。相较于虚拟数据，机器人和无人机更加实体化，也更贴近农业生产。一方面，提升了传统农业的机械化水平，使其迈向更高的智能化阶段；另一方面，减少了传统农业的人力成本，进一步提高了生产效率和质量。

无人机喷洒农药

解密智能制造

　　目前，我国的食品加工企业已经将自动化食品加工流水线作为标准配置。也就是说，我们餐桌上的食物，其实是机器人厨师烹制的。随着自动化技术的进一步普及，能够真正现场烹调的机器人厨师也将逐渐替代人类，完成部分重复性的繁重餐饮工作。

自动化食品加工流水线

炒菜机器人

　　同时，人们对于食品的便捷获取和营养健康的需求逐渐凸显，这使得众多智能制造企业嗅到了商机。一款款手机订餐 App 让你足不出户就可以预订美食，而某些食谱类 App 可以根据每个人的不同体质，提供科学合理的饮食配比建议。

　　结合 3D 打印技术和全新的营养学知识，畅想在不远的将来，智能制造不仅可以实现实物外观的特殊定制，甚至可以实现因人而异的营养成分定制。

3D 打印食物

安身之处，安心之所

中国具有悠久的建筑发展历史，无论是木质榫卯结构的传统建筑，还是砖木结构的传统建筑，在人类建筑史上都留下了浓墨重彩的一笔。

随着智能制造技术在建筑领域的应用，传统的建筑模式将被颠覆，模块化房屋开始渐渐走进人们的视野。所谓模块化，就是将房屋的组成部分分化成不同的功能模块，用标准化、模块化、通用化的生产完成房屋建造。房屋可以随时随地在现场组装，而整个过程只需花费数小时即可完成。

大雁塔

模块化房屋

3D 打印技术在房屋建造领域也有不俗的表现，这种房屋并非由固体墙壁建造，而是在骨骼基础上建造纤维尼龙结构，这种 3D 打印房屋将对房屋建造产生革命性的影响。

同时，随着智能制造和物联网的高速发展，更多的智能家居也逐渐走进人们的生活。房屋在满足人们基本的住房需求的同时，更能体现生活的舒适和便利。人们可以通过手机控制家中的电器设备，也可以直接让人工智能管家根据行程定制每天的起居。

3D 打印建筑

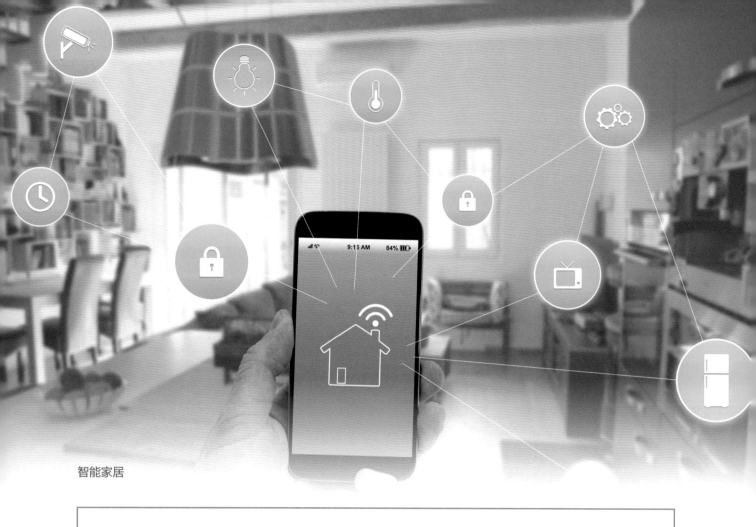

智能家居

世界上最大的 3D 打印建筑在迪拜竣工

　　3D 打印公司 Apis Cor 已经完成了世界上最大的 3D 打印建筑的建造工作，该建筑就是迪拜的行政大楼，其基本结构仅由一台 3D 打印机打印而成。这座行政大楼高 9.5 米，总建筑面积为 640 平方米。它的打印过程与其他 3D 打印项目非常相似，通过喷嘴将水泥混合物分层挤出以构建行政大楼的基本结构。据报道，Apis Cor 公司有三位工人在现场操作机器，整个项目耗时三个星期。除了铺设基础、增加窗户、门和屋顶以及布线等工作外，建筑工人还添加了钢筋和人工浇筑的混凝土以支撑结构。

　　该公司的首席执行官兼创始人表示，目前建筑领域的 3D 打印技术处于发展初期，他们进行了大量的研发工作，改进后的版本将更可靠、省时，建设速度将提高两倍。此外，在该项目中，该公司还测试并改进了自己开发的 3D 打印混合物，也推动了 3D 打印混凝土技术的进一步发展。

 想一想

　　传统建筑一直伴随着人类的发展，是人类文化与政治、经济的表现形式之一。你认为 3D 打印建筑会取代传统建筑吗？3D 打印建筑有哪些潜在的问题呢？

朝发午至，日行千里

　　铁路是一个国家交通运输的大动脉，是国家重要的基础设施，是大众化的交通工具，在中国综合交通运输体系中占据重要地位。截至 2019 年底，中国铁路营业里程将超过 13.9 万千米，其中高铁营业里程为 3.5 万千米，位居世界第一。依托智能制造技术的发展，铁路建设者们不断克服科技难题，把铁路延伸至偏远地区，彻底改变了当地人民的经济和生活状态。青藏铁路的正式修通，让世代居住在高原的少数民族同胞也享受到现代化交通的便捷。

青藏铁路

　　中国铁路不仅在总里程上不断刷新纪录，在运行速度上也多次创造新纪录。世界高铁看中国，中国高铁看京沪。被称为"中国高铁标杆和典范"的京沪高铁，是中国高铁旅客运输量最大、运行速度最快、最繁忙的线路。比如北京开往上海的高速列车 G1，全程时长仅为 4 小时 28 分钟，换句话说，如果早晨七点从北京出发，中午就可以到上海了。

　　受到大家热捧的"复兴号"列车上安装了两千五百多个传感器，可以实时显示列车运行情况，实现了监测智能化。"复兴号"列车上有基于人工智能的实时决策和分析系统，通过视频监控数据，可以自主分析司机驾驶行为，实现对司机异常状态的报警。同时，"复兴号"列车还实现了用户体验智能化，融合了卫星技术等先进的高科技手段和信息，能够让用户在车上上网、购物、娱乐、社交等，可以真正让旅客充分体验到旅行的快乐、便捷和舒适。

"复兴号"列车

目前，中国已经拥有世界上较为先进的高铁集成技术、施工技术、装备制造技术和运营管理技术，也拥有全世界数量最多、种类最全、覆盖时速 200 千米至 380 千米各个速度等级的高铁列车。但我国仍然需要不断地创新，依靠智能制造把中国的高速铁路技术和高端装备产业推向世界，成为我国"走出去"的重要名片之一。未来，我国将在高铁上广泛应用大数据、云计算、物联网、移动互联、人工智能、北斗导航等新型技术，中国高铁实现智能建造、智能装备、智能运营、智能服务将指日可待。

 想一想

随着智能制造时代的到来，只有不断学习，才能紧跟时代发展的步伐。想一想：周围还有哪些智能制造产品？你准备如何应对未来智能制造的进一步发展？

从我做起 走向未来

你将了解:

智能制造对职业技能人才的新需求

让 3D 打印数字造物放飞孩子的梦想

无人驾驶、人工智能、大数据分析等技术的发展,表明中国的制造业已经成为世界的领跑者,正逐步走向世界中心。随着新一代信息技术与制造业的深度融合,智能制造已经成为未来的发展趋势。传统制造时代,标准化的人才需求量比较大;而智能制造时代,是以信息物理系统为核心,需要创新复合型人才和高素质技能人才。智能制造技术帮助人类提高工作效率和改变生活的同时,也在影响各阶段的学校教育。因此,我们每个人都应从自身做起,走向未来。

3D 打印趣味课堂

智能制造对职业技能人才的新需求

在新一轮的科技革命和产业变革中，智能制造已经成为世界各国抢占发展机遇的制高点和主攻方向，支撑服务智能制造相关领域技术人才的紧缺也成为世界各国共同面对的问题。《制造业人才发展规划指南》指出：2020 年，我国制造业的重点领域——新一代信息技术产业人才需求将达到 1800 万人，其中人才缺口约 750 万人；2025 年，这一需求与缺口将分别增至 2000 万人和 950 万人。智能制造属于传统制造与信息技术的交叉领域，我国的智能制造尚处于起步阶段，行业人才缺乏是制约智能制造发展的重要瓶颈之一。2020 年 2 月 25 日，人力资源社会保障部与市场监管总局、国家统计局联合向社会发布了智能制造工程技术人员等 16 个新职业，智能制造工程技术人员正式成为新职业。

智能制造是一场以制造业数字化、网络化和智能化为核心的变革，其中数字化是基础。智能制造时代，产品数字化设计是提高制造企业竞争力的重要手段之一。产品数字化设计与传统的数字化设计有所不同，更多采用智能方法实现智能设计、智能工艺和智能加工，更强调产品设计和制造的一体化；同时，增材制造等新技术的普及也对产品数字化设计提出了新的要求。既懂设计和工艺又会编程和操控的复合型技能人才的需求不断增长，而传统的数字化设计和制造人才专业技能较为单一，如计算机辅助设计、模具设计和数控技术等，不能满足企业产品数字化设计对复合型人才的需求。

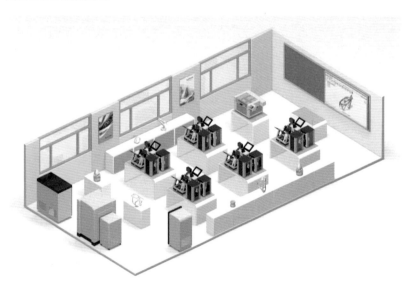

增减材一体化制造教室

面对智能制造时代下的新需求，众多的大学和职业院校都积极地与制造企业开展校企合作。欧特克公司提出的未来智造概念，就是融合智能制造的大数据、云计算、增材制造、仿真分析、数字孪生等核心技术和企业技能人才需求，根据智能制造工程技术人员的职业要求，培育智能制造技能人才，从而为智能制造产业的发展服务。在国内，南京 3D 打印研究院结合相关技术公司为各类职业院校开展"双师型"教师培养、课程体系建设、实训环境建设、职业技能认证、学生技能竞赛、学生就业支持等方面的教育教学活动。

让 3D 打印数字造物放飞孩子的梦想

工业 4.0 时代下的智能制造技术，对职业技能提出了新需求，其中复合型人才的培养更为关键，各类形式的创新教育走进国内外的中小学校。美国、英国和日本等国越来越多地将创客教育作为培养学生创造能力和创新能力的重要途径，创客教育在中小学和高校中受到了更多的重视。"十三五"规划指出：要探索推进 STEAM、创客教育等新型教育模式，大力培养学生的创新意识和能力。创客教育是创客文化与教育的结合，基于学生的兴趣，以项目学习的方式，使用数字化工具，倡导造物，鼓励分享，培养学生的跨学科问题解决能力、团队协作能力和创新能力，是一种培养青少年创新能力的教育形式。

通过前面章节的学习，我们知道 3D 打印是一种革命性的数字化智能制造技术，它克服了传统模具和机械加工复杂、危险性高、需要专业技能等缺点，是个性化与定制化制造的最佳手段。3D 打印技术作为最简单、最快速、相对安全的实现创意的技术，是培养创造力的最佳工具之一。"中国制造 2025"将 3D 打印技术列入国家发展战略规划，提出"发展各类创新设计教育，设立国家工业设计奖，激发全社会创新设计的积极性和主动性"。

3D 打印创意作品

3D 打印技术走进中小学校园，不是让教师和学生过多地了解基本原理，而是让教师把 3D 打印技术作为一种安全和便捷的工具，培养学生的创造力和想象力。其中，重要的是如何启迪学生的创意以及如何将好的创意设计为 3D 模型，最后通过 3D 打印机将创意设计打印成实物作品。通过 3D 设计和 3D 打印技术引导孩子创造无限的可能，在教育过程中帮助孩子放飞自己的梦想。

解密智能制造

主题案例 - **3D 涂鸦** ◆◆

主题案例 - **发条精灵** ◆◆

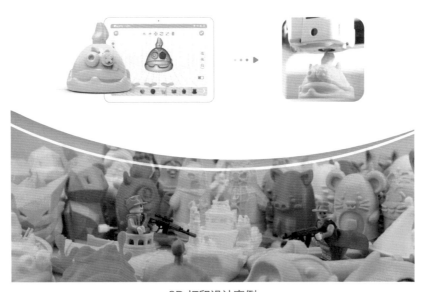

3D 打印设计案例

 想一想

随着智能制造技术的发展和普及，各类新型信息技术也会越来越多地走进校园，如 3D 打印、机器人、人工智能等。作为学生，除了学习和了解这些技术以外，如何才能更好地适应并走向未来呢？

丛书主编简介

褚君浩，半导体物理专家，中国科学院院士，中国科学院上海技术物理研究员，华东师范大学教授，《红外与毫米波学报》主编。获得国家自然科学奖三次。2014年评为"十佳全国优秀科技工作者"，2017年获首届全国创新争先奖章。

本书作者简介

白宏伟，西安交通大学硕士，IME3D 创客教育品牌创始人，产品和课程总监。拥有超过 15 年 3D 打印与 3D 设计研发和应用经验，曾担任 Autodesk 中国研究院资深用户体验设计师。

龙华，西安交通大学硕士，IME3D 创客教育品牌创始人兼 CEO，中国电子学会现代教育技术分会创客教育专家委员，中国仿真学会 3D 教育与装备委员会委员，中国自动化学会制造技术专业委员会委员。

图书在版编目（CIP）数据

解密智能制造 / 白宏伟, 龙华编著. — 上海：上海教育出版社, 2020.7（2022.11重印）
（"科学起跑线"丛书 / 褚君浩主编）
ISBN 978-7-5720-0153-6

Ⅰ.①解… Ⅱ.①白… ②龙… Ⅲ.①智能制造系统 – 青少年读物
Ⅳ.①TH166-49

中国版本图书馆CIP数据核字(2020)第116677号

策 划 人　刘　芳　公雯雯　周琛溢
责任编辑　公雯雯　袁　玲
书籍设计　陆　弦

"科学起跑线"丛书
解密智能制造
白宏伟　龙　华　编著

出版发行　上海教育出版社有限公司
官　　网　www.seph.com.cn
地　　址　上海市闵行区号景路159弄C座
邮　　编　201101
印　　刷　上海雅昌艺术印刷有限公司
开　　本　889×1194　1/16　印张 7　插页 1
字　　数　150 千字
版　　次　2020年7月第1版
印　　次　2022年11月第2次印刷
书　　号　ISBN 978-7-5720-0153-6/G·0118
定　　价　52.00 元

如发现质量问题，读者可向本社调换　电话：021-64373213